"十四五"职业教育国家规划教材

 "十三五"职业教育国家规划教材

普通高等职业教育计算机系列教材

U0290803

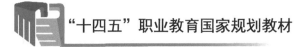用微课学

计算机组装与维护教程

（工作手册式）

邹承俊　雷文全　刘瀚镁　等　编著

电子工业出版社

Publishing House of Electronics Industry

北京·BEIJING

内 容 简 介

本书从计算机当前流行的实际硬件入手，介绍了计算机主板、CPU、存储设备、输入输出设备和其他硬件设备的识别、选购及组装，操作系统、驱动程序和应用软件的安装和网络设置，计算机软件系统及硬件系统的维护，系统常见故障的分析处理和维修与维护操作规范等内容。

本书为适应职业教育改革和方便教学，按照工作手册方式组织内容，配有微课视频、电子课件、习题解答等教学资源。

本书可供高等院校、高职高专院校信息类专业计算机组装与维护技能训练的教材使用，也可作为各类培训机构、计算机爱好者的学习用书及相关从业人员的工作手册。

图书在版编目（CIP）数据

用微课学计算机组装与维护教程：工作手册式 / 邹承俊等编著. —北京：电子工业出版社，2020.4
普通高等职业教育计算机系列教材
ISBN 978-7-121-38086-0

Ⅰ. ①用… Ⅱ. ①邹… Ⅲ. ①电子计算机－组装－高等职业教育－教材②计算机维护－高等职业教育－
教材 Ⅳ. ①TP30

中国版本图书馆 CIP 数据核字（2019）第 256309 号

责任编辑：徐建军　　　文字编辑：曹　旭
印　　刷：涿州市般润文化传播有限公司
装　　订：涿州市般润文化传播有限公司
出版发行：电子工业出版社
　　　　　北京市海淀区万寿路 173 信箱　邮编 100036
开　　本：787×1 092　1/16　印张：17.75　字数：454.4 千字
版　　次：2020 年 4 月第 1 版
印　　次：2024 年 9 月第 10 次印刷
定　　价：53.00 元

凡所购买电子工业出版社图书有缺损问题，请向购买书店调换。若书店售缺，请与本社发行部联系，联系及邮购电话：（010）88254888，88258888。

质量投诉请发邮件至 zlts@phei.com.cn，盗版侵权举报请发邮件至 dbqq@phei.com.cn。

本书咨询联系方式：（010）88254570，xujj@phei.com.cn。

前　　言

计算机作为信息时代的常用工具，广泛应用于日常工作、生活的各个领域中。虽然很多用户在使用计算机时得心应手，但是遇到故障时往往束手无策。计算机组装、维修和维护实践性较强，故障类型多种多样。本书参照计算机维修工国家职业标准，按照故障类型采用工作手册方式组织内容，内容及编排方式见内容结构图谱，方便读者快速查询相关内容。

选用工作手册式课程教材，能够帮助学生在学习的过程中迅速进入职业角色，明确职业特点和岗位职责，强化主体责任意识，为企业实践和未来的工作打好基础，同时针对企业的用人需求反映职业岗位能力标准。

本书通过校企合作的方式组织编写，由成都农业科技职业学院的邹承俊、雷文全、刘瀚镁、雷雪鹏、仲明瑶、李义彪、李凤等编著，联想集团旗下专业 IT 服务商阳光雨露的工程师喻甫建、杜勇、周涛提供相关素材并参与部分工作。我们在此对各方合作团队成员表示衷心的感谢。

为了方便教师教学，本书配有丰富的微课视频、电子课件、习题解答等教学资源，可以扫描书中的二维码或登录华信 SPOC 在线学习平台（www.hxspoc.cn）学习，相关教学资源还可以登录华信教育资源网（www.hxedu.com.cn）注册后免费下载，如果有问题可在网站留言板留言或与电子工业出版社联系（E-mail：hxedu@phei.com.cn）。

教材建设是一项系统工程，需要在实践中不断加以完善及改进。由于作者水平及时间有限，书中难免存在疏漏和不足之处，恳请专家和读者给予批评和指正。

作　　者

内容结构图谱

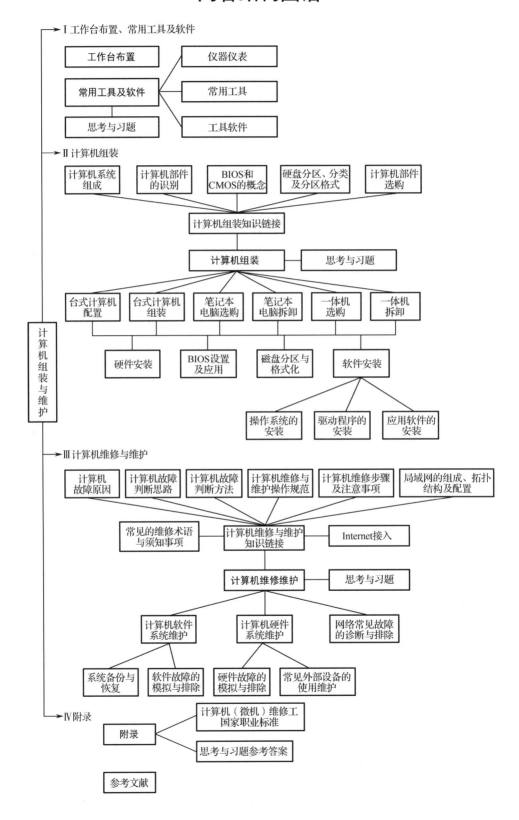

目 录
Contents

第 1 篇

工作台布置、常用工具及软件

导读

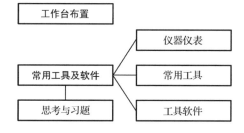

第1章

工作台布置及常用工具

1.1 工作台布置

　　装机前，应准备必要的装机工具，包括螺丝刀、尖嘴钳两种主要的工具。螺丝刀主要用于紧固计算机硬件，有一字螺丝刀和十字螺丝刀，应选用长度适当长些、头部带有磁性的螺丝刀。尖嘴钳主要用于安装机箱上的铜柱和螺钉。对于因空间狭小、不易拔插的部件（如主板跳线帽）则要用到镊子。另外，要准备硅脂和扎带。硅脂在安装 CPU 时使用，将其均匀地涂抹在 CPU表面，可加强散热效果。在装机的过程中，机箱内部的连接线会比较乱，可使用扎带对连接线进行整理和绑扎。当操作人员带有大量静电触摸计算机上的芯片或电容时，可能会将芯片或电容击毁。所以在拆装计算机时首先要将身上的静电释放，可通过触摸金属管道（如暖气片、金属自来水管）或洗手来释放身上的静电，这时再去拆装计算机是安全的。但专业的做法是：手腕上戴上防静电手环，将该防静电手环引线的金属夹子夹在接地的金属件上；在工作台上铺上专用静电防护布，以防止静电对主板芯片或电容造成电击影响。

　　装机前需要准备的工具如图 1-1～图 1-3 所示。

图 1-1　硅脂等工具

图 1-2　尖嘴钳

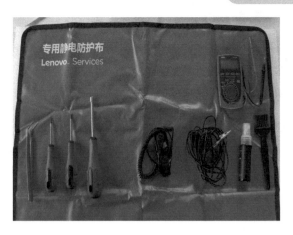

图 1-3　螺丝刀、镊子、专用静电防护布、防静电手环

1.2　常用组装和维修工具

"工欲善其事，必先利其器。"要组装和维修计算机，必须备齐必要的工具。在组装和维修计算机的过程中，经常要使用的仪器仪表及工具有主板故障诊断卡、万用表、示波器、螺丝刀、镊子、毛刷、电烙铁、热风枪等。

1.2.1　常用仪器仪表

1. 主板故障诊断卡

主板故障诊断卡利用主板中 BIOS 内部自检程序的检测结果，通过代码显示出来，结合代码含义快速查表就能很快地知道计算机故障所在。尤其当 PC 不能引导操作系统、黑屏、扬声器故障时，主板故障诊断卡能帮助用户快速定位故障，事半功倍。如图 1-4 所示是一种常见的主板故障诊断卡。

图 1-4　常见的主板故障诊断卡

2. 万用表

万用表用来检测计算机中的一些配件是否正常工作，如通过测量配件的电阻、电流和电压等判断配件是否出现故障。万用表的外观如图 1-5 所示。

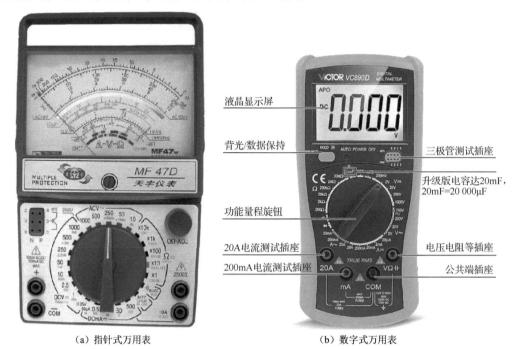

（a）指针式万用表　　　　　　　　　　（b）数字式万用表

图 1-5　万用表的外观

3. 示波器

示波器是一种用途十分广泛的电子测量仪器。它能把肉眼看不见的电信号变换成看得见的图像，便于人们研究各种电现象的变化过程。示波器利用狭窄的、由高速电子组成的电子束，打在涂有荧光物质的屏面上，就可产生细小的光点（这是传统的模拟示波器的工作原理）。在被测信号的作用下，电子束就好像一支笔的笔尖，可以在屏面上描绘出被测信号瞬时值的变化曲线。利用示波器能观察各种不同信号幅值随时间变化的波形曲线，还可以用它测试各种不同的电量，如电压、电流、频率、相位差、调幅值等。示波器的外观如图 1-6 所示。

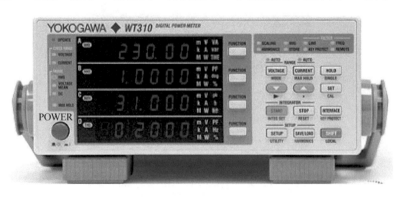

图 1-6　示波器的外观

4．稳压电源

稳压电源（Stabilized Voltage Supply）是指能为负载提供稳定的交流电或直流电的电子装置，包括交流稳压电源和直流稳压电源两大类。当电网电压或负载出现瞬间波动时，稳压电源会在 10～30ms 内进行响应，以对电压幅值进行补偿，使电压不超出正常电压的±2%。当电源发生故障时，可根据需要通过可调式稳压电源为维修设备供电，方便故障排除。稳压电源的外观如图 1-7 所示。

图 1-7　稳压电源的外观

5．数字式频率计

数字式频率计是采用数字电路制成的能实现对周期性变化信号频率测量的仪器。频率计主要用于测量正弦波、矩形波、三角波和尖脉冲等周期信号的频率值。其扩展功能可以测量信号的周期和脉冲宽度。通常地，数字式频率计是指电子计数式频率计。数字式频率计作为一种最基本的测量仪器以其测量精度高、速度快、操作简便、可以数字显示等特点被广泛应用。许多物理量，如温度、压力、流量、液位、pH 值、振动、位移、速度等通过传感器转换成信号频率，可用数字频率计来测量。尤其是将数字式频率计与微处理器相结合，可实现测量仪器的多功能化、程控化和智能化。数字式频率计的外观如图 1-8 所示。

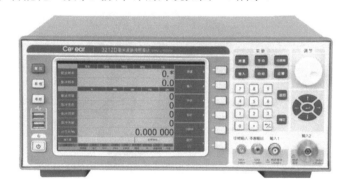

图 1-8　数字式频率计的外观

1.2.2　常用工具

1．螺丝刀

螺丝刀是装机中使用最频繁的工具，主要用来拧紧螺钉，如固定主板、驱动器等的螺钉。螺丝刀的外观如图 1-9 所示。

图 1-9　螺丝刀的外观

2. 电烙铁

电烙铁是电子制作和电器维修的必备工具，主要用途是焊接元件及导线，按机械结构可分为内热式电烙铁和外热式电烙铁，按功能可分为无吸锡式电烙铁和吸锡式电烙铁，根据用途不同又分为大功率电烙铁和小功率电烙铁。电烙铁的外观如图 1-10 所示。

图 1-10　电烙铁的外观

3. 热风枪

热风枪主要是利用发热电阻丝的枪芯吹出的热风来对元件进行焊接与摘取的工具，比如快速焊接芯片和快速取下电路板上的芯片等。热风枪的外观如图 1-11 所示。

图 1-11　热风枪的外观

1.2.3　其他工具

除了上述常用重要工具，还有一些工具在组装和维修时经常使用。

1. 镊子

在设置跳线时会使用镊子，它可以用来夹出跳线帽并再次安装进去。镊子的外观如图 1-12 所示。

图1-12　镊子的外观

2．吹气球、软毛刷和硬毛刷

当计算机中灰尘过多时可以使用以下工具方便地除尘。其外观分别如图1-13～1-15所示。

图1-13　吹气球的外观　　　　图1-14　软毛刷的外观　　　　图1-15　硬毛刷的外观

1.3　思考与习题

问答题

拆装计算机的工具有哪些？

第2章

常用工具软件的使用

‹‹‹‹‹‹

2.1 Windows 7 管理工具

（1）打开"开始"菜单，鼠标单击"控制面板"菜单项。"开始"菜单如图 2-1 所示。

图 2-1 "开始"菜单

（2）进入"所有控制面板项"界面，查看方式选择"大图标"，然后单击"管理工具"图标，"所有控制面板项"界面如图 2-2 所示。

图 2-2 "所有控制面板项"界面

（3）进入"管理工具"界面，然后单击"计算机管理"图标，"管理工具"界面如图 2-3 所示。

图 2-3 "管理工具"界面

（4）进入"计算机管理"界面，如图 2-4 所示。

图 2-4 "计算机管理"界面

2.2 杀毒软件——360 杀毒

　　360 杀毒是 360 安全中心出品的一款免费的云安全杀毒软件。它创造性地整合了五大领先病毒查杀引擎，包括国际知名的 BitDefender 病毒查杀引擎、小红伞病毒查杀引擎、360 云查杀引擎、360 主动防御引擎及 360 第二代 QVM 人工智能引擎。

　　360 杀毒具有查杀率高、资源占用少、升级迅速等优点。360 杀毒可以实现一键扫描，快速、全面地诊断系统安全状况和健康程度，并进行精准修复。360 杀毒软件的安装步骤如下。

　　（1）下载 360 杀毒软件的安装文件，双击安装文件，启动安装程序，弹出是否"立即安装"的对话框，如图 2-5 所示。

图 2-5　是否"立即安装"的对话框

　　（2）设置恰当的安装目录，并勾选"阅读并同意 许可使用协议 和 隐私保护说明"复选框，单击"立即安装"按钮，安装程序开始运行，如图 2-6 所示。

图 2-6　安装程序开始运行

　　（3）安装完成后，弹出 360 杀毒软件的主界面，如图 2-7 所示。

图 2-7　360 杀毒软件的主界面

至此，我们可以使用 360 杀毒软件进行计算机的全盘扫描、快速扫描、自定义扫描及宏病毒扫描等。

2.3　上传/下载工具——CuteFTP

（1）运行 CuteFTP 软件，找到"站点管理器"选项卡，如图 2-8 所示。
（2）在该选项卡上单击鼠标右键，进行"新建 FTP 站点"操作，如图 2-9 所示。

图 2-8　找到"站点管理器"选项卡

图 2-9　新建 FTP 站点

（3）在"站点属性"对话框中填写网站虚拟主机用 FTP 登录的资料，如图 2-10 所示。
（4）FTP 站点建立好之后，连接 FTP，如图 2-11 所示。

图 2-10　填写网站虚拟主机用 FTP 登录的资料

图 2-11　连接 FTP

（5）打开 FTP 站点后，即可上传或下载文件，如图 2-12、图 2-13 所示。

图 2-12　文件上传操作

图 2-13　文件下载操作

2.4　下载工具——迅雷

　　迅雷是迅雷公司开发的下载软件。迅雷本身不支持上传资源，只提供下载和自主上传服务。迅雷下载过的相关资源，都有相应的记录。迅雷作为"宽带时期的下载工具"，针对宽带用户做了优化，并同时推出了"智能下载"服务。迅雷利用多资源超线程技术，基于网格原理，能将网络上存在的服务器和计算机资源进行整合，构成迅雷网络，各种数据文件通过迅雷网络能够传递。

　　（1）运行迅雷软件，其主界面如图 2-14 所示。

图 2-14　迅雷软件主界面

（2）单击左上角的图标，会弹出登录对话框，可以输入迅雷账号、密码进行登录，也可以不登录，如图 2-15 所示。

图 2-15　进行登录操作

（3）单击菜单栏中的"…"图标，如图 2-16 所示，在其弹出的快捷菜单中单击"设置中心"选项。

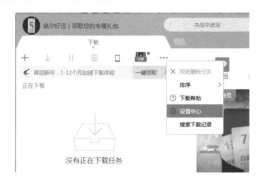

图 2-16　单击"设置中心"选项

（4）在"设置中心"界面（见图 2-17）内可以进行基本设置和高级设置等设置。

图 2-17　"设置中心"界面

（5）设置完毕后，单击菜单栏中的"+"图标，在"添加下载链接"对话框里输入文件的下载链接，然后单击"立即下载"按钮，如图 2-18 所示。

图 2-18　添加下载链接

（6）资源会进入下载状态，可以查看资源的下载速度等信息，如图 2-19 所示。

图 2-19　资源下载状态

（7）下载好的文件也可以通过右击文件图标删除，如图 2-20 所示。

图 2-20　删除操作

（8）"已完成"列表中没有任务就表示已经删除了刚才的文件，如图 2-21 所示。

图 2-21　删除文件后

2.5 压缩/解压缩工具——WinRAR

（1）选中需要压缩的文件，在其图标上单击鼠标右键，在弹出的快捷菜单中选择"添加到压缩文件中"选项，如图 2-22 所示。

图 2-22 选择"添加到压缩文件中"选项

（2）在弹出的"压缩文件名和参数"对话框中进行详细设置，可以设置压缩文件名，如图 2-23 所示。

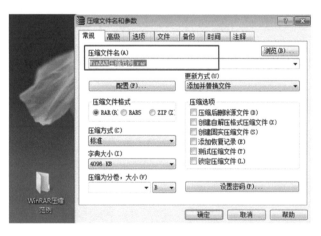

图 2-23 设置压缩文件名

（3）设置压缩文件格式和压缩方式，如图 2-24 所示。

图 2-24 设置压缩文件格式和压缩方式

（4）设置字典大小，如图 2-25 所示。

图 2-25 设置字典大小

（5）设置压缩分卷大小，如图 2-26 所示。

图 2-26 设置压缩分卷大小

（6）设置压缩文件的更新方式，如图 2-27 所示。

图 2-27　设置压缩文件的更新方式

（7）设置压缩选项，如图 2-28 所示。

图 2-28　设置压缩选项

（8）设置好参数后，单击"确定"按钮，生成压缩文件，完成压缩，如图 2-29 所示。

图 2-29　生成压缩文件

2.6　数据恢复工具——FinalData

（1）下载 FinalData 2.0 并安装，如图 2-30 所示。

图 2-30　Finaldata 2.0

（2）运行软件，单击"文件"→"打开"，在弹出的对话框中选择要恢复的驱动器，如图 2-31 所示。

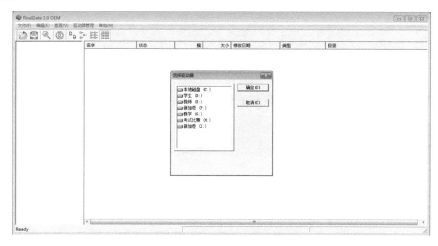

图 2-31　"选择驱动器"对话框

（3）在弹出的"选择查找的扇区范围"对话框中，单击"完整扫描"或"快速扫描"按钮，如图 2-32 所示。

图 2-32　"选择查找的扇区范围"对话框

（4）软件进入扫描磁盘阶段，如图 2-33 所示。

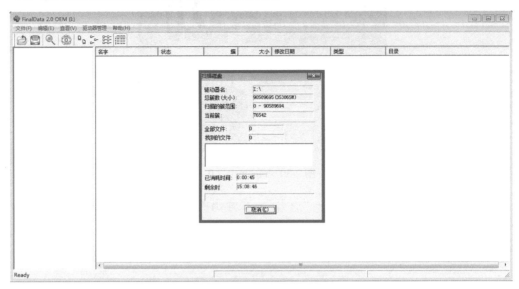

图 2-33 "扫描磁盘"对话框

（5）扫描结束后，单击选择所需要恢复的资料，右击该文件，在弹出的快捷菜单中选择"恢复"选项，如图 2-34 所示。

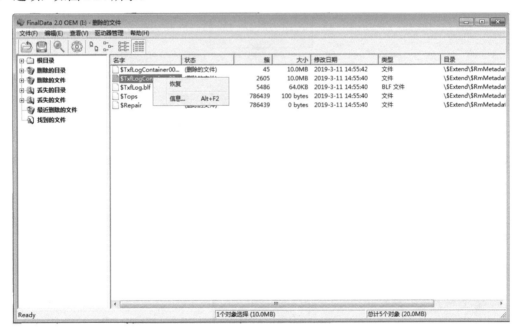

图 2-34 对删除的文件进行操作

（6）选择待恢复文件的保存目录，单击"保存"按钮，即可将文件恢复到指定位置，如图 2-35 所示。

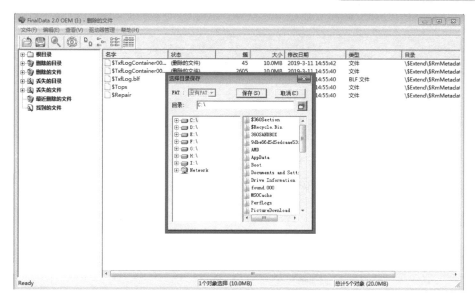

图 2-35 设置待恢复文件保存目录

2.7 安全防护工具——360 安全卫士

（1）启动 360 安全卫士，在其主界面上可以通过单击"立即体检"按钮对计算机进行体检，如图 2-36 所示。

图 2-36 360 安全卫士主界面

（2）体检完成后，软件给出体检分数，并且列出需要修复的问题。单击"一键修复"按钮或单击单个问题项的"修复"按钮进行修复，如图 2-37 所示。

图 2-37 "修复"操作

（3）单击主界面的"木马查杀"图标，执行一次"快速查杀"任务，也可以对 U 盘进行木马查杀，如图 2-38 所示。

图 2-38 "木马查杀"操作

（4）单击"电脑清理"图标进行清理操作，可以清理计算机的垃圾、插件、痕迹，释放更多空间，如图 2-39 所示。

图 2-39　"电脑清理"操作

（5）单击"系统修复"图标进行修复操作，可以修复计算机异常和及时更新补丁和驱动，如图 2-40 所示。

图 2-40　"系统修复"操作

（6）单击"优化加速"图标进行加速操作，可以提升计算机开机、运行速度，如图 2-41 所示。

图 2-41　"优化加速"操作

2.8　思考与习题

操作题

（1）通过练习熟悉本章介绍的软件的安装过程。

（2）使用数据恢复工具 FinalData 对本机历史数据进行恢复。

第 2 篇

计算机组装

→ 导读

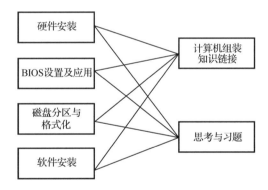

第3章

硬件安装

<<<<<

相关知识链接：

7.1   计算机系统组成

7.2   计算机部件识别

7.5   计算机部件选购

3.1   台式计算机配置

根据各个部件的选购方法，提供以下两种类型的配置方案以供参考。

3.1.1   学生型计算机配置参考方案

在校学生配置一台价格在 4000 元以上（不超过 5000 元）的计算机，请参考表 3-1 所示的配置方案。

表 3-1   学生型计算机配置方案（参考）

配 置 清 单				
配 件 名 称	品 牌 型 号	数　　量	单价／元	配 机 日 期
CPU	AMD Ryzen 3 1200	1	729	2018.7.30
主板	技嘉 AB350M-HD3	1	599	2018.7.30
内存	威刚 XPG Z1 DDR4 2400 16GB 套（8GB×2）	1	499	2018.7.30
机械硬盘	希捷酷鱼系列 2TB SATA3 64MB	1	385	2018.7.30
固态硬盘	—	—	—	—
显卡	讯景 R7 240A 4GB 魔灵	1	439	2018.7.30

配 置 清 单				
配 件 名 称	品 牌 型 号	数 量	单价／元	配 机 日 期
机箱	航嘉 MVP Vision	1	399	2018.7.30
电源	航嘉 450W 冷静王至强模组版	1	299	2018.7.30
显示器	宏碁 EN240Y bd	1	649	2018.7.30
键/鼠套装	罗技 MK240 无线键鼠套装	1	88	2018.7.30
键盘	—	—	—	—
鼠标	—	—	—	—
音箱	联想多媒体音箱 C1530	1	100	2018.7.30
散热器	大镰刀 赤兔马 STB120	1	99	2018.7.30
声卡	集成	—	—	—
光驱	华硕 DRW-24D5MT	1	119	2018.7.30
耳机	欧凡 X1-S	1	39	2018.7.30

注：本方案装机价格总计 4443 元，配置网址为： http://mydiy.pconline.com.cn/index.jsp#null/。

3.1.2 家用型计算机配置参考方案

家庭专用于娱乐的计算机可参考表 3-2 所示的方案进行配置。

表 3-2 家用型计算机配置方案（参考）

配 置 清 单				
配 件 名 称	品 牌 型 号	数 量	单价／元	配 机 日 期
CPU	Intel 酷睿 i3 8100	1	849	2018.7.24
主板	技嘉 AB350M-Gaming3	1	649	2018.7.24
内存	英睿达铂胜智能系列 DDR4 2666 8GB	1	348	2018.7.24
机械硬盘	—	—	—	—
固态硬盘	西部数据 GREEN 240GB M.2 2280	1	222	2018.7.24
显卡	丽台 GTX730 4GB	1	599	2018.7.24
机箱	航嘉 MVP Vision	1	399	2018.7.24
电源	航嘉 450W 冷静王至强模组版	1	299	2018.7.24
显示器	戴尔 SE2416HM	1	849	2018.7.24
键鼠套装	罗技 MK240 无线键鼠套装	1	88	2018.7.24
键盘	—	—	—	—

配 置 清 单				
配 件 名 称	品 牌 型 号	数　量	单价 / 元	配 机 日 期
鼠标	—	—	—	—
音箱	联想多媒体音箱 C1530	1	100	2018.7.24
散热器	大镰刀 赤兔马 STB120	1	99	2018.7.24
声卡	集成	—	—	—
光驱	华硕 DRW-24D5MT	1	119	2018.7.24
耳机	欧凡 X1-S	1	39	2018.7.24

注：本方案装机价格总计 4659 元，配置网址为：http://mydiy.pconline.com.cn/index.jsp#null。

3.2 台式计算机组装

3.2.1 装机前的准备工作

检查按配置方案准备的工具或实训室提供的数据线、螺钉等小配件是否符合要求、是否齐全。本课程通常是把一台完整的计算机中的各配件拆下后再重新组装。拆下配件后可按如图 3-1 所示的样式摆放。

图 3-1　计算机配件摆放示意图

3.2.2 装机过程中的注意事项

（1）拿部件之前要先释放身上的静电。

（2）部件要轻拿轻放。

（3）各种电源线接头不可插反。正确安装部件，组装过程中切忌使用蛮力。

（4）不可带电拔插，以免造成配件损坏或整机损坏。

3.2.3　装机的步骤

组装计算机的步骤：

（1）打开空机箱；

（2）准备安装部件；

（3）安装 CPU；

（4）安装内存；

（5）安装电源；

（6）安装主板；

（7）安装 CPU 散热风扇；

（8）安装显卡；

（9）安装硬盘；

（10）安装光驱；

（11）连接电源线；

（12）连接数据线；

（13）连接机箱面板线缆；

（14）最后检查。

3.2.4　装机的具体过程

1. 打开空机箱

本案例的机箱是 ATX 规格，卸下螺钉后可以取下空机箱侧面盖板，其内部结构如图 3-2 所示。空机箱内部已预留了各个部件的安装位置，制造商还会提供一些小配件。

图 3-2　机箱内部结构

2. 准备安装部件

如图 3-3 所示为组装计算机需要的部件，包括 CPU、内存、主板、显卡、硬盘等。

图 3-3　组装计算机需要的部件

3. 安装 CPU

下面以 Intel 公司的酷睿处理器为例，讲解 CPU 的安装。

（1）打开 CPU 插槽的金属框：将主板上的 CPU 插槽的固定锁杆往下压，再往外拉；将固定锁杆向上拉起；将金属框打开，如图 3-4 所示。

（2）安装 CPU：观察 CPU 的定位缺口和 CPU 插槽的定位卡位置，使 CPU 的定位缺口和插槽上的定位卡对齐，将 CPU 轻轻放入 CPU 插槽中，如图 3-5 所示。

图 3-4　打开 CPU 插槽金属框　　　　　　　　图 3-5　安装 CPU

（3）扣好 CPU 插槽的金属框和固定锁杆：将插槽金属框轻轻压下；然后把固定锁杆按下，并扣好，如图 3-6 所示。

图 3-6 扣好 CPU 插槽金属框和固定锁杆

4. 安装内存

目前，市面上流行的内存为 DDR4 内存，在内存插槽上有两个白色塑料
锁扣，将其向外拨开（见图 3-7），然后将内存的防错卡口对准内存插槽上的
突起处（见图 3-8），将内存垂直放入内存插槽，用双手拇指按住内存条两侧，
双手同时用力下压（见图 3-9），当听到"咔"的一声时，表示内存安装好了，两侧的白色
塑料锁扣也会自动合上。再以同样的方法安装第二个内存。

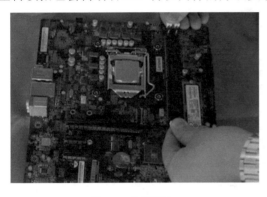
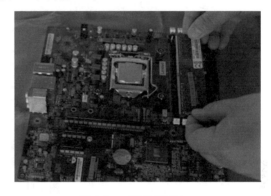

图 3-7 拨开锁扣 图 3-8 对准防错卡口

图 3-9 安装内存

5. 安装电源

机箱电源的位置通常位于机箱尾部的上部或下部。电源末端 4 个角上各有一个螺钉孔，安装

电源时，先将电源放在电源托架上，并将螺钉孔对齐，然后将螺钉拧上即可，如图 3-10 所示。

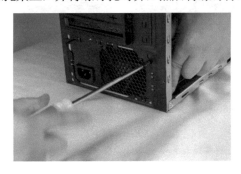

图 3-10　安装机箱电源

6. 安装主板

按照以下步骤将主板固定到机箱中：

（1）安装铜柱螺钉。在机箱的侧板上有许多用来安装主板的小孔，这些都是按照标准位置预留的固定孔，与主板上的固定孔相对应。但主板不能与机箱直接接触，要根据主板上的安装孔位置，将铜柱螺钉安装到机箱侧板上。安装铜柱螺钉如图 3-11 所示。

图 3-11　安装铜柱螺钉

计算机上固定用的螺钉一般有两类，一类螺钉螺纹较宽，另一类螺钉螺纹较细，固定主板一般用细螺纹螺钉，螺钉及主板铜柱如图 3-12 所示。

图 3-12　螺钉及主板铜柱

（2）固定主板。将机箱平放，将主板小心地放入机箱进行比照，确认铜柱螺钉的安装位置正确后，将主板附带的 I/O 接口挡板安装到机箱上，如图 3-13 所示。按照主板 I/O 接口位置和螺钉固定位置将主板放入机箱，并紧固螺钉，如图 3-14 所示。

图 3-13　安装 I/O 接口挡板

图 3-14　主板放入机箱

7. 安装 CPU 散热风扇

将 CPU 风扇底座（见图 3-15）置于主板背面的定位孔上。

图 3-15　CPU 风扇底座

在 CPU 上涂上硅脂（见图 3-16），将风扇散热片固定到主板固定孔上，并用螺钉进行紧固（见图 3-17）。一般情况下，先固定对角线上的螺钉，这个过程中需要注意的是：先紧固的螺钉不要拧紧，等所有螺钉全部装上后，再逐个拧紧。安装风扇如图 3-18 所示。

图 3-16　在 CPU 上涂硅脂

图 3-17　安装散热片　　　　　　　　　　图 3-18　安装风扇

8. 安装显卡

（1）在主板上找到显卡对应的插槽，并取下机箱上和这个插槽对应的防尘片，如图 3-19 所示。

图 3-19　取下防尘片

（2）按下显卡插槽末端的固定卡扣，将显卡的"金手指"（显卡与插槽的连接部件）插入插槽，然后压下显卡，如图 3-20 所示。

图 3-20　安装显卡

（3）用螺钉将显卡金属挡板顶部的缺口固定在机箱条形窗口上，如图 3-21 所示。

图 3-21　固定显卡

9. 安装硬盘

硬盘按照内部结构主要分为机械式硬盘（HDD）和芯片式硬盘（SSD），按照接口分为 SATA 接口硬盘和 M.2 接口硬盘。机械式硬盘通常使用 SATA 接口，芯片式硬盘使用 M.2 接口。

（1）准备 SATA 接口硬盘和 3.5 英寸（1 英寸=2.54cm）硬盘支架。

（2）将硬盘放入支架中并固定，如图 3-22 所示。

（3）将硬盘支架安装到机箱中，接口向外，如图 3-23 所示。

图 3-22　硬盘放入支架　　　　　图 3-23　硬盘装入机箱

（4）准备 M.2 接口固态硬盘，如图 3-24 所示。

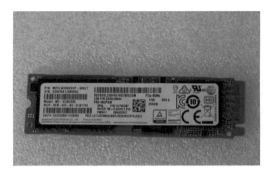

图 3-24　M.2 接口固态硬盘

（5）将硬盘安装在主板上的 M.2 接口插槽内，使用螺钉进行紧固，如图 3-25 所示。

图 3-25　安装 M.2 接口固态硬盘

10. 安装光驱

取下机箱的前面板以便安装光驱的挡板，将光驱从机箱前面板位置开始推进机箱的 5.25 英寸槽位。确认光驱的前面板与机箱对齐平整，在光驱两侧用两个螺钉固定，如图 3-26 所示。

图 3-26　安装、固定光驱

11. 连接电源线

（1）连接主板电源线。

主板电源采用双排 24 针接口，有防错插设计，只能从一个方向插入，如图 3-27 所示。另外，CPU 是单独的 4 针供电接口，同样有单向防错插设计，如图 3-28 所示。

图 3-27 主板电源接口安装   图 3-28 CPU 供电接口安装

（2）连接显卡电源线。

因为一些高性能显卡功耗过高，所以需要独立供电。一般情况下，独立供电的显卡性能较高。但一些功耗控制得好的显卡还是不需要独立供电的。一般具有 AGP 插槽的显卡需要独立供电的少，具有 PCI-E 插槽的显卡需要独立供电的多。AGP 的功率为 45W，PCI-E 则是 75W，当计算机的显卡功率高于插槽功率时，就需要独立供电了。一般好的独立显卡都是电源独立供电的，主板电源供应不足时才直接使用电源供电。通常在显卡上会有 1 或 2 个 6 针的防错插电源接口，需要用主机电源的 6 针接口进行安装，如图 3-29 所示。

图 3-29 显卡电源安装

（3）安装硬盘、光驱电源。

由于具有 SATA 接口的硬盘、光驱的电源接口采用防错插设计，所以连接具有 SATA 接口的硬盘、光驱的电源线时要注意方向，均匀用力插入即可，如图 3-30 所示。

12. 连接数据线

SATA 数据线连接：SATA 接口上有两个连接线接口，分别是 7 针的数据线接口和 SATA 接口专用的 15 针电源线接口，它们的形状都是扁平的。这种扁平式接口的最大好处是具有防错插设计，可以在非暴力操作的情况下，防止插入错误接口的情况发生，如图 3-31 所示。

图 3-30　具有 SATA 接口的硬盘、光驱的电源安装

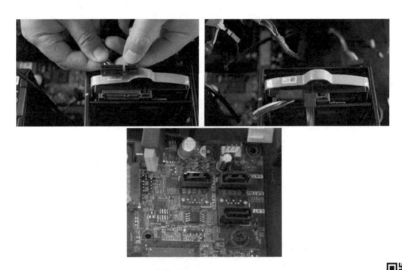

图 3-31　SATA 数据线的连接

13. 连接机箱面板线缆

机箱中的线缆主要有 Power SW、Power LED、RESET SW、HDD LED、USB、HD AUDIO，这些都是前置面板中的接口及指示灯的线缆，如图 3-32 所示。

图 3-32　机箱面板线缆

Power SW 是最重要的线缆，全称为 Power Switch，意为电源开关，主要负责控制计算机主机电源的开关，其实其内部起到短接的作用。RESET SW 同样很重要，全称为 Reset Switch，意为重启开关，主要负责控制计算机主机的重新启动。Power LED 意为电源指示灯，其实就是电源 LED 灯的电源线。HDD LED 则是硬盘指示灯，也就是硬盘 LED 灯的电源线。USB 指的是前置 USB 接口，主要为前置 USB 接口提供电源和数据传输服务，有些具有读卡器功能的机箱也会使用 USB 接口。HD AUDIO 为前置音频接口，就是机箱面板上的耳机和麦克风（传声器）插孔，有些老旧的机箱可能会使用 AC97 接口。如果机箱设计了前置 USB 3.0 接口，其对应的则是蓝色的 19 针插座。这些机箱面板线缆在主板上都有相对应的插针，如图 3-33 所示。

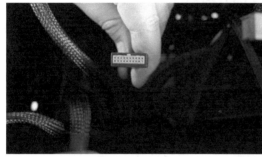

图 3-33 面板线缆插针

14. 最后检查

经过上述操作，已经安装并连接好了所有的部件，在第一次加电启动计算机前，需要重新检查各步骤，确保各部件安装到位。

3.2.5 跳线

1. 常见机箱面板跳线标识

扬声器：SP、SPK 或 SPEAK。

复位开关：RS、RE、RST、RESET 或 RESET SW。

电源开关：PWR、PW、PW SW、PS 或 Power SW。

电源指示灯：PW LED、PWR LED 或 Power LED。

硬盘指示灯：HD、HDD LED。

通常跳线连接线颜色为彩色的是正极，黑白的是负极。复位开关和电源开关正负极接反也可使用，但指示灯不亮。

2. 机箱面板前置 USB 跳线安装方法

机箱前置 USB 跳线分为散线和整体两种（见图 3-34）。

跳线颜色不同具有不同含义。红线——电源正极（接线上的标识为+5V 或 VCC）；白线——负电压数据线（标识为 DATA-或 USB Port -）；绿线——正电压数据线（标识为 DATA+或 USB Port +）；黑线——接地（标识为 GROUND 或 GND）。

图 3-34　机箱前置 USB 跳线

主板上提供的 USB 扩展接口并没有统一的规格，如果只凭借经验连接，一旦出现错误就可能造成 USB 接口烧毁，严重的还可能烧毁主板键盘接口，后果相当严重。因此，在安装 USB 扩展接口之前一定要认真地查阅主板和机箱说明书。比较常见的 9 针 USB 扩展接口插针定义如图 3-35 所示。

1、6—5V；2、7—（-）Data；3、8—（+）Data；4、9—GND；5—NC；10—GND

图 3-35　USB 扩展接口插针定义

3.3　笔记本电脑选购

3.3.1　笔记本电脑分类

1. 轻薄本（超极本）

质量为 1～2kg，便于携带，游戏性能不佳，但部分机型基本满足热门游戏如 LOL 的推荐配置需求，轻薄，待机时间长，价格适中（3000～8000 元），可满足一般学生需求。

2. 游戏本

2kg 以上，不便于携带，游戏性能强悍，运行大型单机游戏（如 GTA5）无压力，价格在 5000 元以上，游戏党必备。

3. 上网本

价格在 3000 元以内，便于携带，配置低，可满足基本的上网需求，可以用来流畅地看电影和听音乐。

4. 商务本

轻薄便携，尺寸小，安全性高，一般具有指纹解锁功能，价格不等，能完美满足办公需求。

3.3.2 笔记本电脑组成

1. 外壳

一般把顶面也就是带有品牌 Logo 的一面叫作 A 面；屏幕那一面叫作 B 面；键盘那一面叫作 C 面；底面叫作 D 面。

笔记本电脑外壳材质有以下几类。

（1）铝镁合金。

抗摔、散热好、质量轻、成本高，一般用于 A 面。

（2）钛合金。

各方面都优于铝镁合金，是铝镁合金的加强版，工艺复杂，成本高。

碳纤维外观类似塑料，但拥有合金的优点特性，容易漏电，一般涂有绝缘层，成本较高。

（3）ABS 工程塑料。

成本低，质量重，散热不佳。

（4）聚碳酸酯（PC）。

比 ABS 工程塑料稍好。

2. 屏幕

（1）面板类型。

主要分为 IPS 屏和 TN 屏，我们通常选择 IPS 屏，其他方面不用考虑。

（2）分辨率。

分辨率低于 1080P 也就是 1920 像素×1080 像素的不建议选购，2K（2560 像素×1440 像素）和 4K（3840 像素×2160 像素）没有必要，1080P 已经满足大多数需求。

（3）色域。

采用 NTSC 标准，色域值为 72%是比较好的。

3. 中央处理器（CPU）

CPU 的性能体现在运行速度上。

厂商主要有英特尔（Intel）和超微半导体（AMD），不建议选用 AMD 的 CPU，只推荐 Intel 的 CPU。市场上的笔记本电脑绝大多数采用 Intel 酷睿系列 CPU，因此下面只介绍 Intel 酷睿 CPU。

举例：i5 7300HQ。

"i5" 叫作前缀，前缀是指定位级别，从低到高分为三种 i3、i5、i7，可以理解为低端、中端、高端。

建议选购 i5CPU，其可以满足大部分游戏需求。i7 相对于 i5 提升不大，价格却很高，性价比不高，发烧友可以考虑入手。

"HQ"叫作后缀，"H"代表标压并且不可拆卸，也就是封装，无法进行更换。"Q"代表四核处理器，其他的字母如"U"代表低压，"K"代表超频，"Y"代表超低压。

于是，可以理解为"U""Y"代表低性能处理器，一般用于轻薄本；"HQ"为标准性能处理器，一般用于 5000～10 000 元的游戏本；"HK"为高性能处理器，一般用于 10 000 元以上的游戏本。轻薄本使用"U"已足够，游戏本使用"H"已足够。

数字"7300"中的"7"代表第七代；"300"代表性能定位，数字越高性能越强。

总结：建议选购 i5 7×××HQ 或 i5 7×××U 型号的 CPU。

4. 显卡

显卡可分为集成显卡（核心显卡）和独立显卡两类。

集成显卡是指集成到了 CPU 中的显卡，也就是说 CPU 绑定了显卡。集成显卡性能较弱，可以满足日常需求，但不足以运行大型游戏（热门游戏 LOL 不是大型游戏）。

独立显卡是指除 CPU 自带的核心显卡外还有独立安装在计算机中的显卡，性能较强，一般用于游戏本。

显卡厂商主要有 NVIDIA 和 AMD 两家，不建议选购 AMD 的显卡，只推荐 NVIDIA 的显卡。主流笔记本电脑都采用 NVIDIA 显卡，因此下面主要介绍 NVIDIA 显卡。

举例：GTX 1050 Ti 4GB 独立显卡。

"GTX"是前缀，代表高端。类似的还有"GTS"代表简化版，"GT"代表低端，"GF"代表入门级。

数字"1050"中的"10"代表第十代；"50"代表性能定位，数字越高性能越强。

"Ti"是后缀，代表高速加强版。

"4GB"是指这款笔记本电脑搭载的 GTX 1050 Ti 是具有 4GB 显示内存的独立显卡。显示内存对于运行大型单机游戏十分重要，同一款独立显卡会有不同的显示内存。

总结：如果只玩 LOL 这类主流游戏 940M 显卡已足够，1050 显卡或 965M 显卡性能更佳。大型单机游戏最好选用 1050Ti 以上的显卡。

5. 内存

在运行安装好了的软件时必须将软件程序调入内存中运行才能真正实现其功能。这就好比在一个书房里，存放书籍的书架和书柜相当于计算机的外存，而我们工作的办公桌就是内存。通常我们把要永久保存的、大量的数据存储在外存上，而把一些临时的或少量的数据和程序存放在内存上。

内存的好坏会直接影响计算机的运行速度，内存小则会引起计算机卡顿。

举例：8GB 内存。

计算机内存越大越好，8GB 是目前比较主流的内存配置，大型单机游戏推荐 16GB 内存甚至更高。

6. 硬盘

硬盘主要分为机械硬盘（HDD）和固态硬盘（SSD），硬盘质量会影响开机速度和软件运行速度。

举例：128GB SSD+1TB。

这是指该笔记本电脑搭载了 128GB 的固态硬盘和 1TB（1TB=1024GB）的机械硬盘。

建议选购至少具有 128GB SSD 的笔记本电脑。

另外，软件只有安装在 SSD 中才能提高运行速度，HDD 可以用来存储电影和资料。

7. 散热部件

处理器或显卡的性能越强，在高负荷下使用产生的热量也就越大。当处理器或显卡的温度超过一定界限时，就会自动进行降频，即大幅降低性能，减小发热量从而降温。因此，为了避免这种现象的发生，笔记本电脑（包括台式机）中都要装配一些散热部件。

举例：双风扇三通管。

相比较而言，游戏本的散热能力比轻薄本略差。

实际上，我们还可以选择购买散热风扇帮助笔记本电脑散热。

在购买笔记本电脑时还要考虑以下问题：正版 Windows 10 操作系统、正版 Office 办公软件、侧边的接口类型及数量、品牌、售后、保修等。

3.3.3　笔记本电脑选购途径

线上选购只推荐"天猫旗舰店"或"京东"自营，线下选购则一定要去品牌专卖店（当然价格要稍微高一点）。买到笔记本电脑要检查无误后再激活 Office 软件。

3.4　笔记本电脑拆卸

3.4.1　拆卸过程中的注意事项

由于笔记本电脑集成度较高，在对笔记本电脑进行拆卸时，应注意以下几点。

（1）切断电源。拆卸前关闭笔记本电脑电源，并拆去所有外部设备，如 AC 适配器、电源线、外接电池、PC 卡及其他连接线等。因为笔记本电脑在电源关闭的情况下，其内部一些电路、设备仍在工作，如果直接拆卸可能会使一些线路损坏。

（2）释放剩余的电量。在切断电源后，按住笔记本电脑电源键几秒钟，然后松开电源键，以释放掉笔记本电脑内部的直流电路的电量。

（3）防静电措施。拆卸笔记本电脑时应佩戴防静电手套或防静电手环。因为人体会带有静电，如果人体带着静电进行拆机操作，则在拆取元器件的过程中就有可能导致静电击穿元器件芯片，产生不小的损失，所以在拆机过程中防静电十分关键。除使用防静电手套和防静电手环外，还可以采用接地法进行静电释放，即找一个导电的接地导体进行静电释放，如将手掌紧贴水龙头片刻即可释放身上的静电。

（4）插拔接口用力要均匀。插拔各类连接线时，不要直接拉拽，要握住其端口，再进行插拔。插拔接口时动作要轻，力度要均匀，不能用蛮力，以免使其损坏。

（5）合理运用工具。使用合适的工具，如拆卸螺钉时应选用口径最合适的螺丝刀。使用工具时需谨慎，应避免工具对笔记本电脑造成人为损害。

（6）合理安置拆卸部件。拆卸笔记本电脑时要保护好机身内的各个部件，并放在安全的地方，不要压迫硬盘、光驱等。

（7）明确拆卸顺序。对准备拆卸的部件一定要仔细观察，必要时用笔记下步骤和要点。

（8）记录相关事宜。笔记本电脑中很多部件十分细小，如螺钉和弹簧等，所以需要严格记录每个部件的大小和位置，并且将已经拆下的螺钉按顺序、类别放置，这将有利于后续安装操作。

3.4.2　笔记本电脑的拆卸步骤

1. 取下锂电池（见图 3-36）

图 3-36　取下锂电池

2. 拆卸 D 面背板

拆卸 D 面背板的 8 颗螺钉，如图 3-37 所示。

图 3-37　拆卸 D 面背板的 8 颗螺钉

一般笔记本电脑在取下螺钉后，背板并不会与机身直接分离，因为里面还有卡榫固定（保证密封）。这时就需要用笔记本电脑专用撬边工具，顺着缝隙较大的地方将撬头伸进去，慢慢地撬开背板（见图 3-38）。在这个过程中用力是很必要的，只不过一定要控制好力度，力小打不开，力大了卡榫就容易断，可以根据笔记本电脑背板的张开程度判断是否继续加力。

图 3-38　撬开背板

将翘头插入 D 面背板缝隙，沿后壳边线"走"一圈，就可以将 D 面背板取下。将背板翻过来，可以看到大面积的铝箔贴纸，铝箔贴纸可以起到电磁屏蔽的作用；背板顶部是对称的进气格栅和防尘网（见图 3-39）。

图 3-39 取下背板

打开笔记本电脑背板之后，就可以看到笔记本电脑的内部结构了，如散热风扇、内存、硬盘等硬件。由于很多笔记本电脑主板的集成度还没有那么高，会有很多排线连接扬声器、散热风扇、子电路板等，因此拆机时需要小心断开排线，注意飞线，不要用力猛拉，需要在接口处轻轻拔出排线（见图 3-40）。

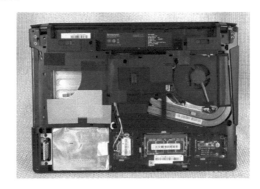

图 3-40 断开排线

在笔记本电脑内部，机械硬盘的位置在左下角，外面有铝箔包裹（见图 3-41）。

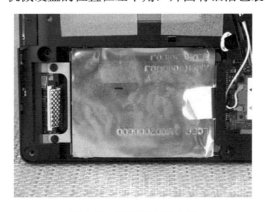

图 3-41 机械硬盘的位置

3. 拆卸硬盘

拆卸固定硬盘金属框架的螺钉，取下硬盘。硬盘上面覆了一层薄薄的铝箔来防止静电，金属框架对硬盘也提供了一定的物理保护（见图3-42）。

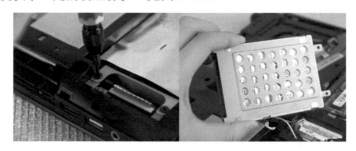

图 3-42　拆卸硬盘

4. 拆卸内存

内存插槽两边都有弹性卡扣，用两根手指把内存的两个弹性卡扣轻轻往外推，内存就会往上弹起，这样即可拔下内存（见图3-43）。

图 3-43　拆卸内存

5. 拆卸无线网卡

无线网卡呈正四方形，基本上每个笔记本电脑的无线网卡都是一样的形状，并且有黑、白两根线连接，有两个小螺钉固定。用螺丝刀拧开固定的两个螺钉，放在一边。轻轻拔下黑、白两根线（黑线通常连接"金手指"较少的一端，白线则连接另一端）。这时就可以将无线网卡从插槽上取下来了（见图3-44）。

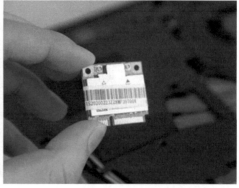

图 3-44　拆卸无线网卡

6. 拆卸键盘和 C 面面板

在拆卸键盘之前首先要卸下键盘下方的固定螺钉，同样也是利用撬边工具沿着键盘的边缘慢慢"划"动。键盘上的卡扣较多，需要用巧劲打开，否则卡扣容易因用力过猛而断裂（见图 3-45）。

图 3-45　拆除键盘

螺钉拆卸下来后，断开键盘与主板连接的排线（见图 3-46）。

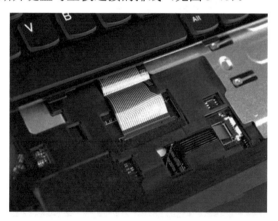

图 3-46　断开键盘与主板连接的排线

移除键盘，拆除所有的固定螺钉，接下来就能把 C 面面板全部拆下，同样需要使用撬边工具。需要注意的是，外壳之间的连接处比较脆弱，因为这些部位都是塑料材质的，虽然拆除固定螺钉之后就可比较轻松地将 C 面面板分离，但还是要注意卡扣，勿用蛮力（见图 3-47）。

图 3-47　拆卸 C 面面板

　　C 面面板内侧可以看到触摸面板部分，触摸面板除有独立的触控芯片外，在触摸面板底部的按键位置还进行了加强，一块厚重的金属撑在底下，左侧还有一块 IO 板（见图 3-48）。

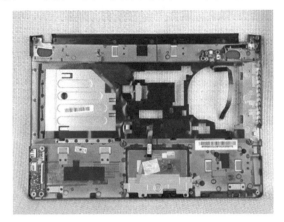

图 3-48　C 面面板内侧

　　进行到这一步，拆机工作也算完成得差不多了，这时可以看到笔记本电脑内部最重要的几个部件（见图 3-49），余下的工作就是取下整块主板了。

图 3-49　拆卸 C 面面板之后的内部构造

7. 拆卸主板

　　拆卸主板前，需要断开供电接口和屏幕排线（见图 3-50）。

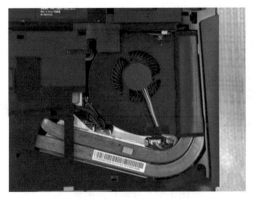

图 3-50　断开供电接口和屏幕排线

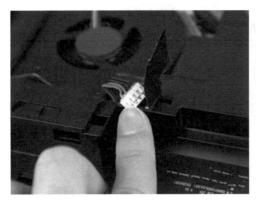
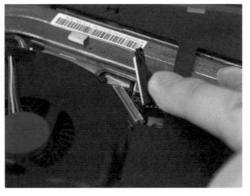

图 3-50 断开供电接口和屏幕排线（续）

主板由两颗螺钉固定，螺钉旁边有白色箭头指示（见图 3-51）。拆除两颗固定主板的螺钉之后，便可取下主板。

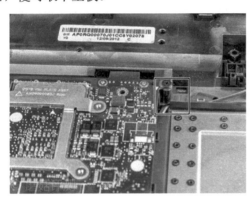

图 3-51 主板固定螺钉位置

8. 拆卸散热管

主板的散热部分使用了两根散热管，它们负责 CPU 的散热，其中一根兼顾显卡散热。散热部分的扣具使用了大量的金属，主板正反两面如图 3-52 所示。

图 3-52 主板的正反两面

散热扣具使用 6 颗弹簧螺钉固定，上面都有顺序标号，可以按顺序来拆卸和安装（见图 3-53）。

图 3-53　拆卸散热扣具螺钉

拆卸散热模块，翻过来可以看到在芯片位置都使用了铜块，缓存芯片和供电部分有导热垫，可以更好地传递热量。散热模块主要由金属的散热片、两根铜制的热导管及风扇组成。处理器、显卡及主板芯片产生的热量会通过热导管传递到风扇处，最终由散热通风孔从主机内部排出。散热模块构造如图 3-54 所示。

图 3-54　散热模块构造

拆卸散热模块后便可以看到 CPU（见图 3-55）、GPU（见图 3-56）、主板芯片（见图 3-57）。

图 3-55　CPU 位置

在图 3-56 中，可以看到 GPU 周边的显存。

图 3-56　GPU 位置　　　　　　　　图 3-57　主板芯片位置

到这一步骤，拆机工作基本就完成了（见图 3-58）。其实笔记本电脑内部结构并没有那么复杂，但固定螺钉比较多、面板之间的卡扣也有许多，而且许多用于固定的材料比较脆弱，如键盘的固定卡扣，所以拆卸的时候要特别注意，不要使用蛮力。

图 3-58　拆机后所有零部件

3.5　一体机选购

随着电子信息产业的不断发展，计算机厂商把主机集成到显示器中，把显示器缩小形成了一体机。一体机不仅机身纤薄、外观简约漂亮，而且还可避免散乱的线缆带来的不便。一体机的优点主要有：节省空间、摆放位置随意；简化连线、使用简单方便；造型美观、满足家居设计。所以，选购一体机的人很多。那么在购买一体机时我们应该注意哪些方面的问题呢？我们又该如何选购一体机呢？

3.5.1　选购一体机的注意事项

（1）需要选择外观合适的一体机。一体机的主要特点是简约，没有太多的计算机配件，所以外观很重要。联想的一体机是个不错的选择。

（2）需要清楚一体机的主要用途，选择合理的配置。现在双核 CPU 配置可以满足大部分的家庭需要。如果有更高要求，那就选择更高配置的一体机，以满足自己的需求。

（3）需要清楚一体机商家的售后服务。要选择一个售后稳定的商家购买，这样当一体机在使用过程中出现问题时，可以及时解决。

3.5.2 如何选购一体机

（1）一定要选择有注册商标的产品。目前市面上的一体机品牌不少，大家在选购时要多注意。尤其是具有电视功能的一体机，除考虑计算机常规性能外，还要考虑其作为电视的性能。

（2）显示器的规格要适合本地区的电视制式。具有电视功能的一体机的显示设备，最好采用 LCD/LED、具有大尺寸的显示屏并支持 1080P 全高清视频播放，一般的显示比例为 16：9 或 4：3，同时具备广视角等功能。

（3）使用操作要方便。以家用的一体机为例，其不仅要支持遥控操作，而且要配备无线键盘、鼠标。如果使用有线键盘、鼠标，不仅不方便，而且不美观。

（4）最好能定制适合自己的、性价比高的一体机。正确地配置机器要考虑硬盘、内存容量、显示器分辨率、尺寸、光驱、无线网卡、触摸屏等。

（5）一体机的屏幕尺寸要合适。一般卧室使用 26 英寸或 32 英寸屏幕的一体机比较合适，毕竟它能够给用户带来全高清的视频效果及更好的应用体验。用户最好能自己选择配置方式，但也没必要去追求顶级的配置，那只能增加整机的功耗和购机的成本。

若消费者希望能够为客厅配备一台合适的一体机，以满足日常娱乐需求，建议用户配置 42 英寸以上的一体机。对于个人、学生或酒店企业等消费者而言，购买一台一体机摆放在卧室里是相当不错的选择。卧室用一体机并不需要特别大的尺寸，而且购买了一体机后，也无须在卧室里摆放一台"笨重"的计算机了，既节省空间，又可有效避免计算机运行时产生的噪声干扰。

3.6 一体机拆卸

将一体机放在水平台面上，最好在显示屏下面垫泡沫或其他可以保护显示屏的东西（见图 3-59）。

图 3-59 平放机身

1. 拆卸支架

先拧下支架上固定用的螺钉（见图3-60）。

图3-60 拧下支架上固定用的螺钉

将螺钉取下后，移开支架，如图3-61所示，可以看到凹槽中有拆机方法说明。

图3-61 移开支架

本实验所用的一体机后盖采用的是无螺钉安装方式，可实现无工具快拆，拆卸无螺钉后盖如图3-62所示。

图3-62 拆卸无螺钉后盖

2. 拆卸后盖

拆卸后盖后就可以看到内部结构了，为了起到屏蔽保护作用，主板部分用一块金属保护板保护，一体机内部结构如图3-63所示。

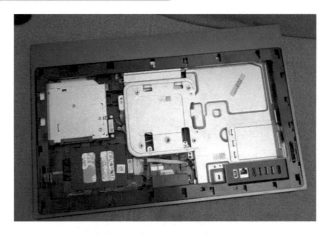

图 3-63　一体机内部结构

在图 3-63 中，左侧上半部分是光驱位，使用的是标准笔记本电脑光驱，是免螺钉可拆除设计。

图 3-64　光驱位

在图 3-63 中，左侧下半部分是硬盘位，采用的是 2.5 英寸硬盘规格，硬盘位用硬盘缓冲架固定（见图 3-65）。

图 3-65　硬盘位

3．拆卸内存和固态硬盘

在图 3-63 中，右侧下半部分是保护盖，取下保护盖可以看到内存和使用 M.2 接口的固态硬盘。内存插槽两边都有弹性卡扣，用两根手指把内存的两个弹性卡扣轻轻往外推，内存就会向上弹起，这样就可以拔下内存了。具有 M.2 接口的固态硬盘只需要拆除固定螺钉就可以取下来（见图 3-66、图 3-67）。

图 3-66　取下保护盖

图 3-67　拆除内存及具有 M.2 接口的固态硬盘

主板上面是一整块保护钢板，用于保护主板和进行电磁屏蔽，将保护钢板上的螺钉都拆除之后，揭开保护钢板就可以看到整块主板和散热器了。主板大小跟 M-ATX 标准主板差不多，只是根据一体机的设计将主板整体做了扁平化处理。散热器通过铜管与 CPU、GPU 连接，利用排风扇将热量散出（见图 3-68）。拆下主板与散热器后，一体机的拆机操作就基本完成了。

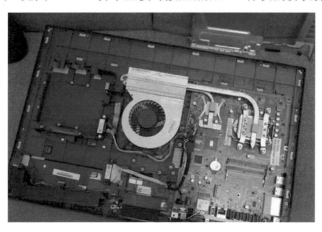

图 3-68　主板与散热器

3.7 思考与习题

1. 实践题

（1）到计算机市场上，了解不同型号的主板、CPU、内存、硬盘等设备的性能指标和优缺点。

打开一台多媒体计算机的机箱，完成以下操作：

1）指出各个部件的名称；

2）列出 CPU、内存、硬盘、显卡的接口特征和防接错结构特点；

3）指出主板芯片组、BIOS 芯片、CMOS 跳线的位置。

（2）到计算机市场或"太平洋电脑网"（http://www.pconline.com.cn）查询计算机配件的当前市场报价，列出一台 6000 元左右家用娱乐+游戏型的台式计算机、娱乐型笔记本电脑和纯粹办公型一体机的配置清单，并根据不同计算机品牌的配置清单进行比较，选择一种性价比较高的计算机配置方式。

2. 选择题

（1）当前新式主板芯片组又称逻辑控制芯片组，通常为（　　　）。

A．南桥芯片，北桥芯片　　　　　　B．南桥芯片

C．一级，二级　　　　　　　　　　D．总线，时钟

（2）主板芯片组的主要生产厂家有（　　　）。

A．Intel 公司　　　　　　　　　　B．VIA 公司

C．SIS 公司　　　　　　　　　　　D．ALi 公司

（3）主板的核心和灵魂是（　　　）。

A．CPU 插座　　　　　　　　　　　B．扩展槽

C．芯片组　　　　　　　　　　　　D．BIOS 和 CMOS 芯片

（4）AGP 接口插槽可以插接下列哪种设备（　　　）。

A．声卡　　　　　　　　　　　　　B．网卡

C．显卡　　　　　　　　　　　　　D．硬盘

3. 填空题

（1）笔记本电脑 DDR4 内存插槽有_____个触点。

（2）目前，主板上的硬盘接口主要有_____和_____两种类型。

（3）BIOS 中保存着计算机最重要的_____、_____、_____和_____程序。

（4）UEFI 启动和 BIOS 启动模式本质区别是_____。

（5）根据主板的结构，主板可分为 AT、Baby-AT、ATX、MicroATX 及 BTX 等结构。其中_____主板是目前最常见的主板结构。

（6）SSD 固态硬盘分为_____和_____。

（7）计算机摄像头镜头构造分为_____。

4. 判断题

（1）主板按结构可分为 ATX、BTX 和 AT 主板，目前主流的是 AT 主板。（　　　）

（2）BIOS 芯片是一块可读写的 RAM 芯片，关机后其中的信息也不会丢失。（　　　）

（3）本质上，UEFI 就是为了替代 BIOS 而生的。（　　）

（4）主板性能的好坏直接影响整个系统的性能。（　　）

（5）主板上的 CMOS 电池不能更换。（　　）

5. 问答题

（1）机箱面板跳线有哪些？有什么作用？

（2）如何选购主板、CPU、内存等设备？

（3）计算机选购的基本原则是什么？

（4）台式计算机与笔记本电脑内部结构有哪些不同？

（5）笔记本计算机拆机时有哪些注意事项？

第4章

BIOS 设置及应用

相关知识链接:

7.3 BIOS 和 CMOS 的概念

4.1 进入 BIOS 设置的方法

Phoenix 是一家美资上市公司,是 BIOS 行业的龙头,成立于 1979 年。其产品线主要包括三个大类:第一类是 Phoenix Award BIOS,主要面向我国台湾的 ODM 及低端市场;第二类是 Phoenix BIOS,主要面向高端台式计算机及笔记本电脑市场;第三类是 General Software BIOS,主要面向嵌入式市场。Phoenix BIOS 是目前兼容机中应用最为广泛的一类 BIOS,但由于界面为英文,而且需要用户对相关专业知识有较深入的理解,因此使用难度较大。我们将以 Phoenix BIOS 设置为例,详细介绍 BIOS 设置中的各项功能。

4.1.1 台式计算机进入 BIOS 的方法

不同主板类型的台式计算机进入 BIOS 的方法如表 4-1 所示。

表 4-1 不同主板类型的台式计算机进入 BIOS 的方法

主 板 类 型	进入 BIOS 按键
华硕主板	F8 或 Delete 键
技嘉主板	F12 或 Delete 键
微星主板	F11 或 Delete 键
映泰主板	F9 或 Delete 键
梅捷主板	ESC、F12 或 Delete 键
七彩虹主板	ESC、F11 或 Delete 键

续表

主 板 类 型	进入 BIOS 按键
华擎主板	F11 或 Delete 键
斯巴达卡主板	ESC 或 Delete 键
昂达主板	F11 或 Delete 键
双敏主板	ESC 或 Delete 键
翔升主板	F10 或 Delete 键
精英主板	ESC、F11 或 Delete 键
冠盟主板	F11、F12 或 Delete 键
富士康主板	ESC、F12 或 Delete 键
顶星主板	F11、F12 或 Delete 键
铭瑄主板	ESC 或 Delete 键
盈通主板	F8 或 Delete 键
捷波主板	ESC 或 Delete 键
Intel 主板	F12 或 Delete 键
杰微主板	ESC、F8 或 Delete 键
致铭主板	F12 或 Delete 键
磐英主板	ESC 或 Delete 键
磐正主板	ESC 或 Delete 键
冠铭主板	F9 或 Delete 键

4.1.2 笔记本电脑进入 BIOS 的方法

不同品牌笔记本电脑进入 BIOS 的方法如表 4-2 所示。

表 4-2 不同品牌笔记本电脑进入 BIOS 的方法

品 牌	进入 BIOS 按键
华硕、索尼	ESC 键
惠普、明基	F9 键
联想 ThinkPad、戴尔、神舟、东芝、三星、IBM、富士通、海尔、宏碁、方正、清华同方、技嘉 Gateway eMachines	F12 键
微星	F11 键

4.2 传统 BIOS 设置

1. 传统 BIOS 的主（Main）菜单设置（见图 4-1）

System Time：系统时间，格式为"时：分：秒"。

System Date：系统日期，格式为"月/日/年"。

Legacy Diskette A：软驱 A，设置软驱 A 如图 4-2 所示。

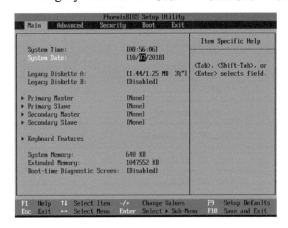

图 4-1　主菜单设置界面　　　　　　　　　　　图 4-2　设置软驱 A

Legacy Diskette B：软驱 B。

Primary Master/Slave：第一主磁盘/从磁盘。设置第一主磁盘如图 4-3 所示。

Secondary Master/Slave：第二主磁盘/从磁盘。

Keyboard Features：键盘特征，设置键盘特征如图 4-4 所示。

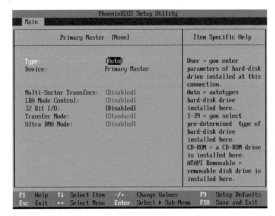

图 4-3　设置第一主磁盘　　　　　　　　　　　图 4-4　设置键盘特征

System Memory：系统内存。

Extended Memory：扩展内存。

BOOT-time Diagnostic screen：启动时间诊断屏幕。

（1）Legacy Diskette A 设置说明。

Disabled：关闭。

360 KB　$5\frac{1}{4}$：使用磁盘容量 360KB，尺寸为 5.25 英寸。

1.2 MB　$5\frac{1}{4}$：使用磁盘容量 1.2MB，尺寸为 5.25 英寸。

720 KB　$3\frac{1}{2}$：使用磁盘容量 720KB，尺寸为 3.5 英寸。

1.44/1.25MB　$3\frac{1}{2}$：使用磁盘容量 1.44MB 或 1.25MB，尺寸为 3.5 英寸。

2.88MB　$3\frac{1}{2}$：使用磁盘容量 2.88MB，尺寸为 3.5 英寸。

（2）Keyboard Features 设置说明。

NumLock：小键盘灯。

Keyboard auto-repeat rate：键盘自动重复率。

Keyboard auto-repeat delay：键盘自动重复延迟时间。

2. 传统 BIOS 的高级（Advanced）菜单设置（见图 4-5）

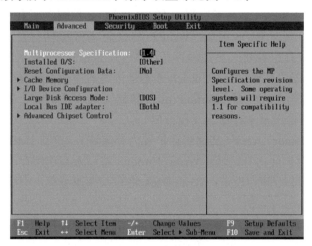

图 4-5　高级菜单设置界面

（1）Multiprocessor Specification：多重处理器规范，可设置为 1.4 或 1.1。它专用于多处理器主板，用于确定 MPS 的版本，以便让 PC 制造商构建基于英特尔架构的多处理器系统。与标准 1.1 相比，标准 1.4 增加了扩展型结构表，可用于多重 PCI 总线，并且对未来的升级十分有利。另外，标准 1.4 拥有第二条 PCI 总线，还无须 PCI 桥连接。新型的 SOS（Server Operating Systems，服务器操作系统）大都支持标准 1.4，包括 Windows NT 和 Linux SMP（Symmetric Multi-Processing，对称式多重处理架构）。如果条件允许，则尽量使用标准 1.4。

（2）Installed O/S：安装 O/S 模式，有 Win95 和 Other 两个值。

（3）Reset Configuration Data：重设配置数据，有 Yes 和 No 两个值。

（4）Cache Memory：高速缓存，为使用者提供设置特定缓存地址的方法，设置高速缓存如图 4-6 所示。

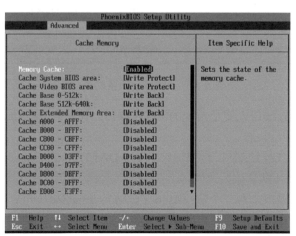

图 4-6　设置高速缓存

Cache Memory 设置说明如下：

Memory Cache（存储器高速缓存）：设定存储器的状态。Enabled 为开启存储器高速缓存功能；Disabled 为关闭存储器高速缓存功能（预设值）。

Cache System BIOS area（高速缓存系统 BIOS 区域）：控制系统 BIOS 区域的高速缓存。Uncached 不是高速缓存系统 BIOS 区域；Write Protect 忽略写入/储存设定（预设值）。

Cache Vedeo BIOS area（高速缓存视频 BIOS 区域）：控制视频 BIOS 区域的高速缓存。Uncached 不是高速缓存视频 BIOS 区域；Write Protect 忽略写入/储存设定（预设值）。

Cache Base 0-512k/512k-640k（高速缓存传统 0～512KB/512～640KB 区域）：控制 512KB/512～640KB 传统存储器的高速缓存。Uncached 不是传统高速缓存区域；Write Through 将写入高速缓存，并同时传送至主存储器；Write Protect 忽略写入/储存设定；Write Back 将写入高速缓存，但除非必要，不传送至主存储器（预设值）。

Cache Extended Memory Area（高速缓存扩展内存区域）：控制 1MB 以上的系统记忆体。Uncached 不是高速缓存扩展内存区域；Write Through 将写入高速缓存，并同时传送至主存储器；Write Protect 忽略写入/储存设定；Write Back 将写入高速缓存，但除非必要，不传送至主存储器（预设值）。

Cache A000-AFFF/B000-BFFF/C800-CBFF/CC00-CFFF/D000-D3FF/D400-D7FF/D800-DBFF/DC00-DFFF / E000-E3FF / E400-F7FF：控制指定内存地址。Disabled 不是高速缓存这个区块（预设值）；USWC Caching，USWC 即 Uncached Speculative Write Combined。

（5）I/O Device Configuration（I/O 设备端口，见图 4-7）设置说明如下：

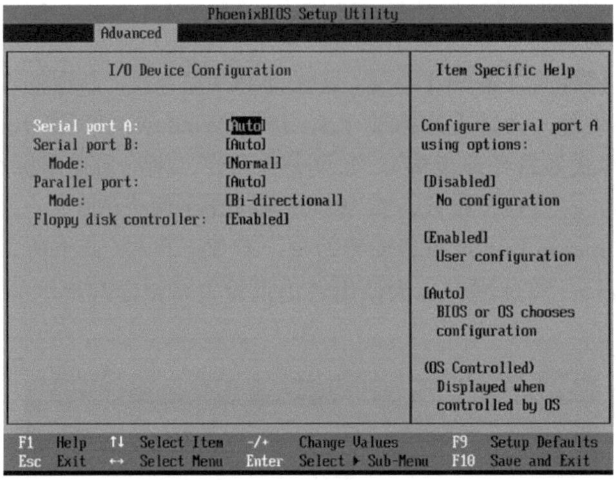

图 4-7　设置 I/O 设备端口

Serial port A/B：串行端口也就是常说的 COM 端口。有三个值：Auto（自动）、Enabled（开启）、Disabled（关闭）。

Mode（串口模式）：红外线端口。按照速率分为 IrDA（115～200bit/s）、ASK-IR（1.15Mbit/s）、FIR（4Mbit/s）、Normal（默认值）。

Parallel port：并行端口。有三个值：Auto（自动）、Enabled（开启）、Disabled（关闭）。

Mode（并口模式）：用于进行并口的模式设置。

现在的并口模式主要有如下几种：

① SPP，即 Standard Parallel Port，标准并口。这是最初的并口模式，现在几乎所有的并口外部设备都支持该模式。

② EPP，即 Enhanced Parallel Port，增强型高速并口。这是一种在 SPP 的基础上发展起来的新型并口模式，也是现在应用最多的并口模式。目前市面上的大多数打印机、扫描仪都能与 PC 进行双向通信，都支持 EPP 模式。EPP 又分为 EPP 1.7 和 EPP 1.9 两种模式。

③ ECP，即 Extended Capability Port，扩充功能并口。这是目前很先进的并口模式，但是该模式需要设置 DMA 通道，既消耗资源，又容易引起冲突。同时，目前支持 ECP 的外部设备很少，因此一般不选择该模式。

④ Bi-directional，双向支持。

Floppy disk controller：软盘控制器，有 Disabled、Enabled 等值。

（6）Large Disk Access Mode：大型磁盘访问模式，有 DOS 等值。

（7）Local Bus IDE adapter：本地总线的 IDE 适配器。

（8）Advanced Chipset Control：设置高级芯片组参数，如图 4-8 所示。

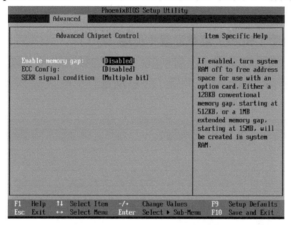

图 4-8　设置高级芯片组参数

Enable memory gap：可以通过本项设置关闭系统 RAM 以释放地址空间。有三个值：Disabled（关闭）、Conventional（常规）、Extended（扩展）。

ECC Config：选择是否使用 ECC 内存。有两个值：ECC（默认）和 Disabled。

SERR signal condition：指定需要限制为 ECC 错误的情况。有四个值：None（默认）、Single bit、Multiple bit、Both。

3. 传统 BIOS 的安全（Security）菜单设置（见图 4-9）

Supervisor Password Is：管理员密码状态。Set 为已设置密码；Clear 为没有设置密码（此值系统自动调整）。

User Password Is：用户密码状态。Set 为已设置密码；Clear 为没有设置密码（此值系统自动调整）。

Set User Password：设置用户密码。进行该项设置时，按"Enter"键即可设置密码，如果设置密码之后想将密码设空，按"Enter"键后在输入新密码处留空。

Set Supervisor Password：设置管理员密码，设置方法同 Set User Password。

Password on boot：设置启动是否需要输入密码。有两个值：Disabled（关闭）和 Enabled（开启）。

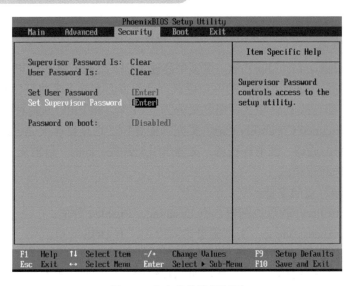

图 4-9　安全菜单设置界面

4．传统 BIOS 的启动（Boot）菜单设置（见图 4-10）

Boot 菜单主要用于设置启动顺序，启动顺序依次为移动设备－硬盘－光驱－网卡。如果需要更改，可以选中该项后通过"+""－"键上下移动进行更改。完成启动顺序设置后按"F10"键就可以保存并退出。

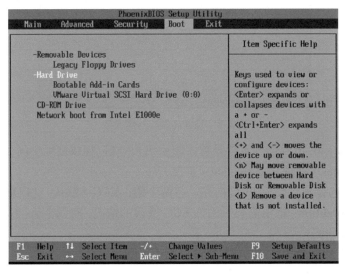

图 4-10　启动菜单设置界面

5．传统 BIOS 的退出（Exit）菜单设置（见图 4-11）

Exit Saving Changes：保存后退出。

Exit Discarding Changes：不保存退出。

Load Setup Defaults：恢复出厂设置。

Discard Changes：放弃所有操作恢复至上一次的 BIOS 设置。

Save Changes：保存但不退出。

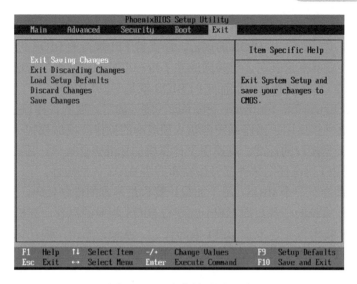

图4-11　退出菜单设置界面

4.3　UEFI 设置

BIOS 诞生至今，处理器从 16bit 升级到了 64bit，而 BIOS 却足足使用了 30 多年没有改变，其问题主要有：

（1）界面不够人性化。

传统 BIOS 界面以英文为主，颜色搭配很突兀，不能用鼠标操作，操作烦琐。

（2）低能的 16bit 模式。

现在的处理器已经到了 64bit 的时代，32bit 都已经是过去式了，而传统的 BIOS 仍采用 16bit 模式。其"兼容性"是很好，但是寻址能力低下，只有 1MB 的寻址空间，一次只能读取 64KB 的磁盘数据，不能支持 3TB 的大硬盘，效能表现很差。

（3）扩展优化较差。

现在的主板配备的东西越来越多，高端主板尤甚。然而不少高端主板用户发现：高端主板启动起来比普通主板要慢。其主要原因是 BIOS 缺乏对大数量外围设备的优化，初始化起来很低效，因此影响了系统的启动速度。

（4）扩展能力有限。

传统 BIOS 要添加较复杂的硬件，就需要把"驱动（Option ROM）"加载到一段地址固定，长度仅 128KB。例如，有些主板插了 RAID 卡会开不了机，出现"PCI Option ROM 空间用尽"之类的提示，原因就是 128KB 的驱动空间已经用尽，BIOS 没有足够寻址空间来初始化 RAID 卡。

（5）使用晦涩的汇编语言。

BIOS 正是使用晦涩难懂的汇编语言编写的，而在这普遍使用面向对象语言的时代，汇编语言已经成为非主流语言，找到能写出优质 BIOS 的高手很难，设计维护 BIOS 的门槛较高。

（6）糟糕的安全性。

若 BIOS 有问题，则系统就会无法启动，然而它却只有简单的密码保护功能，而且密码可以轻松清除，无法用软件或远程方式监控其安全性，安全措施形同虚设。

为了解决传统 BIOS 的问题，Intel 在 2000 年推出了 IA64（64bit 处理器）用的 EFI（可扩展固件接口）标准，作为新一代 BIOS 的规范，而支持 EFI 规范的 BIOS 也被称为 EFI BIOS。之后为了推广 EFI，业界多家著名公司共同成立了统一可扩展固件接口论坛（UEFI Forum），以制订新的国际标准 UEFI 规范，由此而来的 BIOS 就是 UEFI BIOS。

UEFI（Unified Extensible Firmware Interface，统一的可扩展固件接口），是一种详细描述类型接口的标准。这种接口用于操作系统自动从预启动的操作环境加载到一种操作系统上。是一种详细描述全新类型接口的标准，是适用于计算机的标准固件接口，旨在代替 BIOS（基本输入/输出系统），UEFI 旨在提高软件互操作性和解决 BIOS 的局限性。

所有的计算机都会有一个 BIOS，用于加载计算机最基本的程序代码，担负着初始化硬件、检测硬件及引导操作系统的任务。而 UEFI 就是与 BIOS 相对的概念，开机程序化繁为简，节省时间。传统 BIOS 技术正在逐步被 UEFI 取而代之，在最近新出厂的计算机中，很多已经使用 UEFI，使用 UEFI 模式安装操作系统是趋势所在。

BIOS 运行过程：开机→BIOS 初始化→BIOS 自检→引导操作系统→进入系统。

UEFI 运行过程：开机→UEFI 初始化→引导操作系统→进入系统。

UEFI 相比 BIOS 有以下技术优势：

（1）更强大、更具弹性的 32/64bit 模式。

UEFI 通过载入 EFI Driver 进行硬件的识别/控制和系统资源调控，比传统 BIOS 有更多、更灵活的寻址空间，轻松加载 RAID 卡等扩展设备的 Option ROM，不会出现 Option ROM 空间不足这样的问题。

（2）灵活的扩展能力。

UEFI 通过加载驱动程序来实现硬件扩展，任何 PC 硬件厂商都可以参与进来，而且这些驱动程序都是通过模拟器来执行的，能够减少硬件的冲突，提供良好的向下兼容服务，不必因为硬件升级换代而重新编写驱动。更重要的是，UEFI 已经为大数量硬件初始而优化，启动速度比传统 BIOS 更快。

（3）编写和维护的门槛更低。

UEFI 支持汇编语言编写的同时，也支持 C 语言，能实现比汇编语言更快速、更容易理解的开发，从而降低 BIOS 开发和维护门槛。

（4）可选 EFI Shell 系统。

若采用传统 BIOS 的计算机出现故障，则完全不能调试。而 UEFI 可以配备 UEFI Shell 操作环境，具有 BIOS 更新、系统诊断、CD 播放等各种功能，相当于一个迷你的操作系统。

本质上，UEFI 就是为了替代 BIOS 而生的，在功能上，UEFI 的扩展性和执行能力远比简陋的 BIOS 高级，最直观的是用户可以在 UEFI 界面下看到图形界面，可以使用鼠标操作，可以让启动时自检过程大为简化，这就是最基本的区别。UEFI，又称为图形化 BIOS，分为简易模式（见图 4-12）和高级模式（见图 4-13）两种。接下来就以华硕 P8Z68-V PRO 主板为例进行讲解。

简易模式下，用户可以切换多种不同语言，可以监视硬件的运行状况，可以一键调节系统性能和能量使用间的平衡，可以改变启动顺序，还提供常用功能的快捷入口、启动菜单和载入默认设置，非常简单易用。

本项目显示CPU/主板温度、　　　　语言选择　　　　　　　　单击显示所有
电压及风扇速度　　　　　　　　　　　　　　　　　　　　　风扇速度
　　　　　　　　　　不保存更改并退出BIOS、保存更改并
　　　　　　　　　　重新启动系统或进入Advanced模式

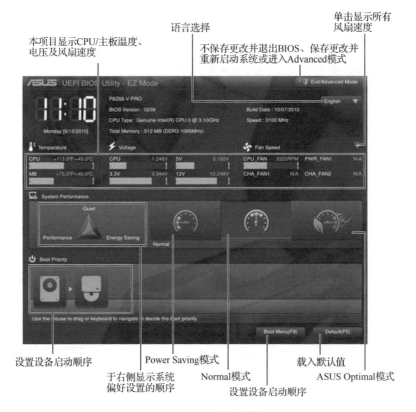

设置设备启动顺序　　　Power Saving模式　　　载入默认值

　　　于右侧显示系统　　　Normal模式　　　ASUS Optimal模式
　　　偏好设置的顺序　　设置设备启动顺序

图 4-12　UEFI 简易模式

返回　　功能项目　　功能表列　　设置值　　　在线操作说明

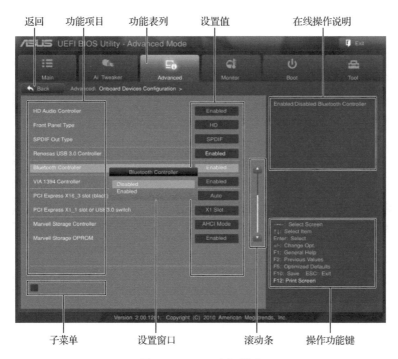

子菜单　　　　设置窗口　　　滚动条　　　操作功能键

图 4-13　UEFI 高级模式

高级模式和传统 BIOS 模式近似，但是可以用鼠标操作，并且支持多种语言选择（见图 4-14）。

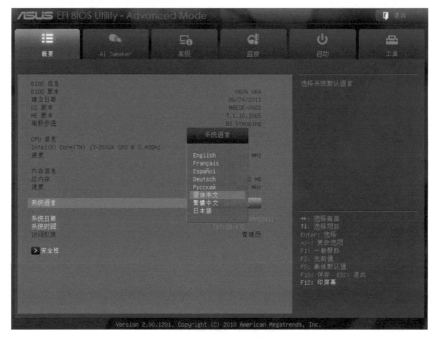

图 4-14　语言选择

1. 主菜单（Main）

主菜单只有在进入 Advanced Mode 时才会出现。可以由主菜单查看系统的基本数据并设置系统日期、时间、语言和安全性（见图 4-15）。

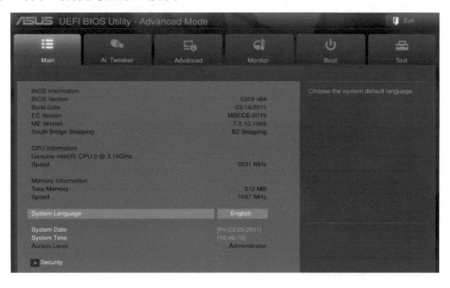

图 4-15　主菜单界面

在主菜单中单击"Security"选项，进行系统安全设置（见图 4-16）。

Administrator Password：设置系统管理员密码，可以修改 BIOS 的设置。

User Password：设置用户密码，只能查看 BIOS 的设置。

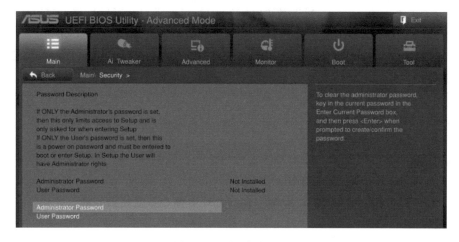

图 4-16　系统安全设置

2. 智能超频菜单（Ai Tweaker）

超频就是通过计算机操作者的超频方式将 CPU、显卡、内存等硬件的工作频率提高，让它们在高于其额定的频率状态下稳定工作，以提高计算机的工作速度。超频的原理其实很简单，即通过加大供电量使 CPU 的运算加快。主板超频就是通过设置 BIOS 参数（见图 4-17），增加主板对 CPU 的供电量，达到超频的目的。但在获得额外的工作频率后，CPU 的发热量也将急剧升高。

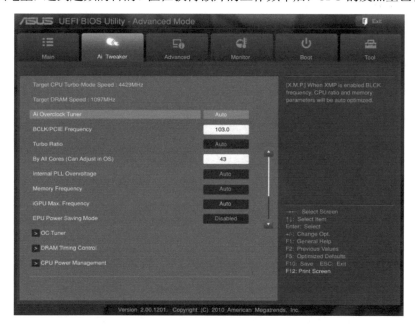

图 4-17　超频设置

Ai Overclock Tuner：通过设置 CPU 的超频来获得理想 CPU 外频。其值有：

Auto，自动载入系统最佳设置值；

Manual，可独立设置超频参数；

X.M.P.，若用户所安装的记忆模块支持 Extreme Memory Profile（X.M.P.）技术，则可以

设置内存条支持模式，以使系统性能最佳化。

BCLK/PCIE Frequency：通过调整 CPU 及 VGA 频率来提升系统性能。可以使用"+"与"−"键调整数值，也可以使用数字键盘输入数值。数值范围为 80.0～300.0MHz。

Extreme Memory Profile [High Performance]：只有将 Ai Overclock Tuner 项目设为"X. M. P."时才会出现。其值有：

Disabled，关闭；

Profile#1，模式 1；

Profile#2，模式 2。

Turbo Ratio：调整 Turbo CPU 倍频的数值与功能。其值有：

Auto，所有的设置依照 Intel CPU 的默认值；

ALL Cores（Can Adjust in OS），所有运行的处理器核心数量将被设置，在操作系统中且为单 Turbo 倍频；

By Per Core（Cannot Adjust in OS），所有运行的处理器核心数量将被设置于 BIOS 中且为个别 Turbo 倍频。

By ALL Cores (Can Adjust in OS)：本项目只有在 Turbo Ratio 设置为 By ALL Cores（Can Adjust in OS）时才会出现，使用"+"与"−"键调整数值。

Internal PLL Overvoltage：本项目用来设置 Internal PLL Overvoltage（内部 PLL 过电压保护），其值有：Auto，自动载入系统量最佳设置值；Enabled，开启；Disabled，关闭。

Memory Frequency：本项目可设置内存的运行频率。

iGPU Max. Frequency：核心显卡最高频率，使用"+"与"−"键调整数值。数值以 50MHz 为间隔，范围为 1100～3000MHz。

EPU Power Saving Mode：本项目可以开启或关闭 EPU（能耗调控单元），以节省电能。

OC Tuner：超频电压设置（见图 4-18）。

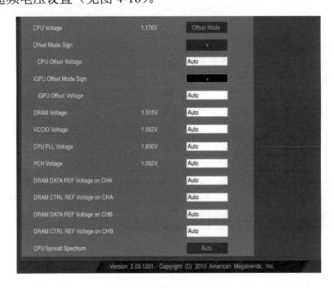

图 4-18　超频电压设置

CPU Voltage：CPU 电压设置。其值有：

Manual Model，设置固定的 CPU 电压值；

Offset Model，设置 Offset 的电压值。

Offset Mode Sign：只有当将 CPU Voltage 项目设为"Offset Mode"时，本项目才会出现。其值有：

+，增加数值；

−，减少数值。

CPU Offset Voltage：

只有当 CPU Voltage 项目设为"Offset Mode"时本项目才会出现，可以设置 Offset 的电压值。设置值以 0.005V 为间隔，范围为 0.005～0.635V。

iGPU Offset Mode Sign：核心显卡自适应模式设置。其值有：

+，增加数值；

−，减少数值。

iGPU Offset Voltage：本项目可以设置 iGPU Offset 的电压值。设置值以 0.005V 为间隔，范围为 0.005～0.635V。

DRAM Voltage：DRAM 电压设置。设置值以 0.00625V 为间隔，范围为 1.20～2.20V。

VCCIO Voltage：内存控制器电压设置。本项目可以设置 VCCIO 电压。设置值以 0.00625V 为间隔，范围为 0.80～1.70V。

CPU PLL Voltage：锁相环电压设置。本项目可以设置 CPU 及 PCH PLL 电压。设置值以 0.00625V 为间隔，范围为 1.20～2.20V。

PCH Voltage：南桥芯片电压设置。本项目可以设置 Platform Controller Hub 电压。设置值以 0.01V 为间隔，范围为 0.80～1.70V。

DRAM DATA REF Voltage on CHA/B：设置 A/B 通道的内存数据参考电压。

DRAM CTRL REF Voltage on CHA/B：设置 A/B 通道的内存控制参考电压。

CPU Spread Spectrum：CPU 扩展频谱，通过设置可以减少或消除电磁干扰。

DRAM Timing Control：设置内存时序。

CPU Power Management：处理器电源管理。

3. **高级菜单（Advanced）**

高级菜单可改变处理器与其他系统设备的细部设置（见图 4-19、图 4-20）。

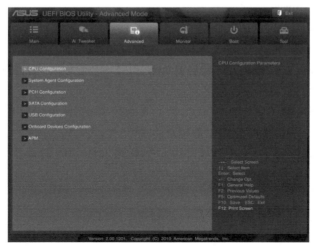

图 4-19　高级菜单界面

(a)

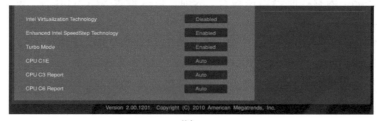

(b)

图 4-20　处理器设置

CPU Configuration：处理器配置。可查看 CPU 各项信息与更改设置。

CPU Ratio：调整处理器核心时钟与前端总线频率的比值。

Intel Adaptive Thermal Monitor：启动 CPU 散热监控功能。

Hyper-threading：超线程技术，使单个处理器同时拥有两条运行线程处理数据。

Active Processor Cores：设置处理器核心数量。

Limit CPUID Maximum：最大返回值限制。

Execute Disable Bit：硬件防病毒技术。

Intel Virtualization Technology：开启 Intel 虚拟技术，让硬件平台可以同时运行多个操作系统，将一个系统平台虚拟为多个系统。

Enhanced Intel Speedstep Technology：智能降频技术，它能够根据不同的系统工作量自动调节处理器的电压和频率，以减少耗电量和发热量。

Turbo Mode：加速模式，本项目只有在 Enhanced Intel Speedstep Technology 项目设置为"Enabled"时才会出现。

CPU C1E：增强型空闲电源管理状态转换，它是令 CPU 省电的功能。开启后，CPU 在空闲轻负载状态下可以降低工作电压与倍频，达到省电的目的。

CPU C3 Report：启动或关闭给操作系统的 CPU C3 报告，C3 是比 C1E 更深层的省电模式，可以节省 70% 的 CPU 能耗。

CPU C6 Report：启动或关闭给操作系统的 CPU C6 报告。

System Agent Configuration：系统代理设置如图 4-21 所示。

图 4-21　系统代理设置

Initiate Graphic Adapter：初始化图形适配器。

iGPU Memory：设置核心显卡内存值。

Render Standby：启动或关闭待机，GPU 空闲时减慢渲染以降低能耗。

iGPU Multi-Monitor：启动或关闭支持外接 VGA 设备的内部绘图设备多重显示功能。

PCH Configuration：PCH 设置如图 4-22 所示。

图 4-22　PCH 设置

High Precision Timer：高精度事件计时器，不仅可以扩展系统的能力和精度，而且还提高了系统性能。

SATA Configuration：SATA 设备设置如图 4-23 所示。

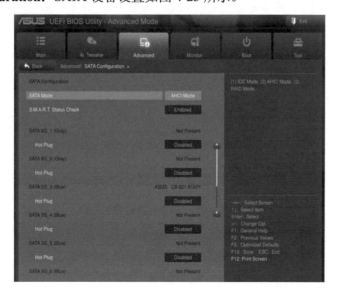

图 4-23　SATA 设备设置

SATA Mode：Serial ATA 硬件设备设置。

S.M.A.R.T. Status Check：自我监测、分析及报告技术。S.M.A.R.T.的全称为 Self-Monitoring Analysis and Reporting Technology。支持 S.M.A.R.T.技术的硬盘可以通过硬盘上的监测指令和主机上的监测软件对磁头、盘片、电动机、电路的运行情况、历史记录及预设的安全值进行分析、比较。当出现安全值范围以外的情况时，就会自动向用户发出警告。

USB Configuration：USB 设备设置如图 4-24 所示。

图 4-24　USB 设备设置

Legacy USB Support：启动或关闭在常规操作系统中支持 USB 设备的功能。

Legacy USB3.0 Support：启动或关闭在常规操作系统中支持 USB3.0 设备的功能。

EHCI Hand-off：启动或关闭不具备 EHCI Hand-off 功能的操作系统。

OnBoard Devices Configuration：内置设备设置如图 4-25 所示。

图 4-25　内置设备设置

HD Audio Controller：开启或关闭高保真音频控制器。

Front Panel Type：设置前置面板音频连接端口模式。

SPDIF Out Type：设置数字音频接口输出模式。

Bluetooth Controller：开启或关闭内置蓝牙控制器。

VIA 1394 Controller：开启或关闭内置的 IEEE1394 控制器。

PCI Express X16_3 slot (black) bandwidth：设置 PCI Express X16_3 插槽（黑色）的运行模式。

Marvell Storage Controller：设置 Marvell 存储控制器的运行模式。

Marvell Storage OPROM：本选项在前一项设置为"Enabled"时才会出现。开启或关闭 Marvell 存储控制器的 OPROM。

JMB Storage Controller：开启或关闭 JMB 存储控制器的运行模式。

JMB Storage OPROM：本选项在前一项设置为"Enabled"时才会出现。开启或关闭 JMB 存储控制器的 OPROM。

Display OptionRom in POST：开机自检时显示或隐藏 JMB 控制器的 OPROM。

APM Configuration：高级电源管理设置如图 4-26 所示。

图 4-26　高级电源管理设置

Restore AC Power Loss：设置断电后再通电时恢复断电前的电源状态。

Power On By PCI：设置使用 PCI 设备来开机。

Power On By PCIE：开启或关闭 PCIE 设备的唤醒功能。

Power On By RTC：开启或关闭实时时钟（RTC）的唤醒功能。

4. 监控菜单（Monitor）

通过监控菜单可查看系统温度、电压情况，还可以对风扇进行高级设置（见图 4-27）。

图 4-27　监控菜单

CPU Temperature：CPU 温度。

MB Temperature：主板温度。

CPU Fan Speed：CPU 风扇转速。

CPU Fan OPT Speed：选择 CPU 风扇转速。

Chassis Fan 1(2) Speed：机箱风扇转速。

Power Fan 1 Speed：电源风扇转速。

CPU Q-Fan Control：开启或关闭 CPU 风扇控制器。

CPU Fan Speed Low Limit：设置 CPU 风扇转速。

CPU Fan Profile：通过预设值来设置 CPU 风扇性能。

Chassis Q-Fan Control：开启或关闭机箱风扇控制器。

Chassis Fan Speed Low Limit：设置机箱风扇转速。

Chassis Fan Profile：通过预设值来设置机箱风扇性能。

5. 启动菜单（Boot）

本菜单用于更改启动设备及相应功能（见图 4-28）。

图 4-28　启动菜单

Bootup NumLock State：设置开机时自动开启或关闭 NumLock 小键盘。

Full Screen Logo：开启或关闭全屏个性化开机画面功能。

Wait For F1 If Error：系统在开机过程出现错误信息时，设置是否按下"F1"键来确认继续开机。

Option ROM Messages：设置设备固件程序信息是否在开机时显示。

Setup Mode：设置 BIOS 默认模式。

Boot Option Priorities：设置开机磁盘启动顺序。

Boot Override：可使用的启动设备。

6. 退出 BIOS 程序菜单（Exit）

本菜单可以用于读取 BIOS 程序出厂默认值与退出 BIOS 程序（见图 4-29）。

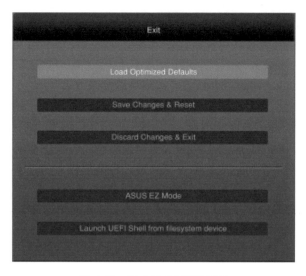

图 4-29　退出 BIOS 程序菜单

Load Optimized Defaults：加载 BIOS 程序，设置菜单中每个参数的默认值。

Save Changes & Reset：保存设置并重启系统。

Discard Changes & Exit：放弃设置并退出。

ASUS EZ Mode：进入 EZ 模式。

Launch UEFI Shell from filesystem device：可以从含有数据系统的设备中启动 UEFI Shell。

4.4　BIOS 常见故障处理

（1）开机显示 CMOS battery failed（CMOS 电池失效）。

原因：说明 CMOS 电池的电量已经不足，应更换新的电池。

（2）开机显示 CMOS check sum error-defaults loaded（CMOS 执行全部检查时发现错误，因此载入预设的系统设定值）。

原因：这种状况通常由于电池电量不足所导致，所以应先换个电池进行测试。如果问题依然存在，那就说明 CMOS RAM 可能有问题，最好送回原厂处理。

（3）开机显示 Display switch is set incorrectly（显示开关配置错误）。

原因：较旧型的主板上有跳线可设置显示器为单色或彩色，而这个错误提示表示主板上的设置和 BIOS 里的设置不一致，重新设置即可。

（4）开机显示 Press ESC to skip memory test（内存检查，可按"ESC"键跳过）。

原因：如果在 BIOS 内并没有设定快速加电自检的话，那么开机就会执行内存测试，如果不想等待，可按"ESC"键跳过或到 BIOS 内开启 Quick Power On Self Test。

（5）开机显示 Hard disk initializing [Please wait a moment...]（硬盘正在初始化 请等待片刻）。

原因：这种问题在较新的硬盘上不存在。但在较旧的硬盘上，因其启动较慢，所以会出现这个问题。

（6）开机显示 Hard disk install failure（硬盘安装失败）。

原因：硬盘的电源线、数据线可能未接好或者硬盘跳线设置不当（如一根数据线上的两个硬盘都设为 Master 或 Slave）。

（7）开机显示 Secondary slave hard fail（检测从磁盘失败）。

原因：①CMOS 设置不当（如没有从磁盘但在 CMOS 设置里有从磁盘）；②硬盘的电源线、数据线可能未接好或者硬盘跳线设置不当。

（8）开机显示 Hard disk(s) diagnosis fail（执行硬盘诊断时发生错误）。

原因：硬盘本身的故障。可以先把硬盘接到另一台计算机上试一下，如果问题仍存在，应该送修。

（9）开机显示 Floppy Disk(s) fail(40)、Floppy disk(s) fail(80)或 Floppy disk(s) fail（无法驱动软驱）。

原因：没有安装软驱、软驱的排线接错/松脱或电源线没有接好。

（10）开机显示 Keyboard error or no keyboard present（键盘错误或者未接键盘）。

原因：通常为键盘连接线没有插好或连接线损坏。

（11）开机显示 Memory test fail（内存检测失败）。

原因：通常为内存不兼容或内存故障。

（12）开机显示 Override enable-defaults loaded（当前 CMOS 设置无法启动系统，载入 BIOS 预设值以启动系统）。

原因：可能是 BIOS 设置并不适合计算机（如内存只能支持 100MHz 但 BIOS 设置为 133MHz），这时进入 BIOS 重新设置即可。

（13）开机显示 Press Tab to show POST screen（按"Tab"键可以切换屏幕显示）。

原因：有一些 OEM 厂商会以自己设计的显示画面来取代 BIOS 预设的开机显示画面，而此提示就是提醒用户可以按"Tab"键把厂商的自定义画面和 BIOS 预设的开机画面进行切换。

（14）开机显示 Resuming from disk，Press Tab to show POST screen（从硬盘恢复开机，按"Tab"键显示开机自检画面）。

原因：某些主板的 BIOS 提供了 Suspend to Disk（挂起到硬盘）的功能，当使用者以 Suspend to Disk 的方式来关机时，那么下次开机时就会显示此提示消息。

（15）开机显示 warning!!! the previous performance of overclocking is failed（警告！先前的超频操作失败）。

原因：通常为内存问题。这不代表内存一定有故障，大部分情况是内存的"金手指"和内存槽接触不良。特别是使用半年以上的计算机，没有超频而开机出现"超频失败"红字提示的，内存接触不良的可能性最大。

4.5 思考与习题

问答题

（1）什么是 BIOS？什么是 CMOS？

（2）BIOS 和 UEFI 的区别是什么？

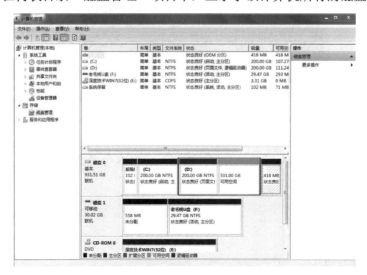

（右上角装饰图案）第5章

磁盘分区与格式化

相关知识链接：
7.4 硬盘分区、分区类型及格式

磁盘分区格式化工具有很多，除 Windows 操作系统自带的磁盘管理工具外，也有不少第三方软件开发商的软件可以使用，且功能更为强大和全面。

5.1 Windows 7 的磁盘管理功能

一般 Windows 操作系统自带的磁盘管理工具有新建、删除、格式化分区、更改驱动器号及查看分区属性的功能。右击"计算机"图标，选择"管理"选项，打开"计算机管理"窗口，如图 5-1 所示，在树状目录"磁盘管理"项目中，显示了该计算机所有的磁盘分区信息。

图 5-1 "计算机管理"窗口

可以右击分区图标使用快捷菜单进行分区操作，比如在未分配区域上新建分区（即"新建简单卷"，见图5-2）或格式化分区（见图5-3）。

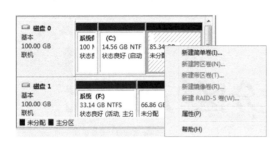

图 5-2　新建分区

图 5-3　格式化分区

5.2　磁盘分区管理工具 DiskPart

Windows 操作系统自带的 DiskPart 是一个磁盘分区管理工具，但在 Windows 操作系统中是以命令提示符方式运行的，需要用户熟悉 DOS 指令的操作。在开始菜单"运行"后输入"cmd"并打开命令提示符窗口，再输入"Diskpart"即可启动，此时屏上显示为"DISKPART>"。

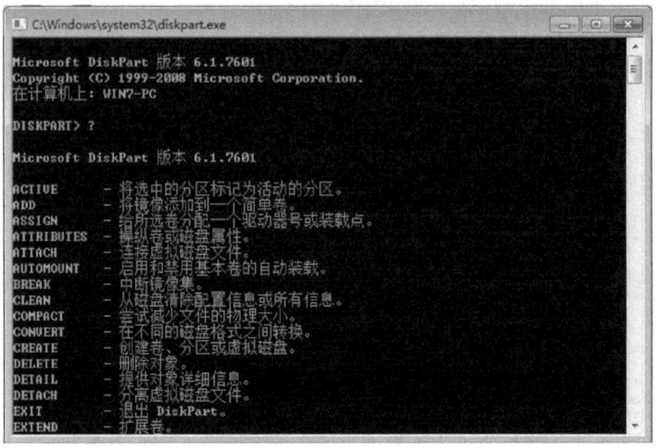

图 5-4　DiskPart 磁盘分区管理工具

DiskPart 常用到的命令有：

ACTIVE：将一个分区标为活动的分区，即激活该分区使其成为系统盘。

DELETE：删除分区对象。

EXIT：退出 DiskPart。

EXTEND：将分区的容量扩大。

HELP：显示帮助信息。

LIST：列出磁盘或分区。

SELECT：选择要操作的对象，如一个磁盘或分区等。

5.3 磁盘分区管理工具 DiskGenius

DiskGenius，原名 DiskMan，是一款由第三方开发的集资料恢复、资料备份还原及磁盘分区管理三大主要功能为一体的工具软件，以共享软件形式发行。其分区管理功能可供用户免费使用，但资料恢复、资料备份及还原功能则需要付费使用。在 Windows 操作系统环境和 DOS 环境下均具有简体中文图形界面，支持鼠标操作，DiskGenius 软件界面如图 5-5、图 5-6 所示。

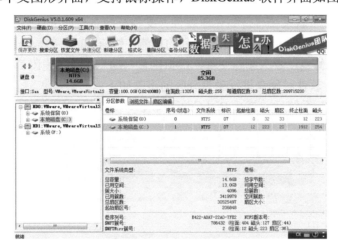

图 5-5 Windows 操作系统环境下 DiskGenius 软件界面

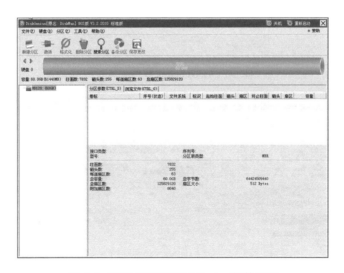

图 5-6 DOS 环境下 DiskGenius 软件界面

磁盘分区管理功能包括：

（1）建立分区、删除分区、隐藏分区、激活分区等；

（2）备份及恢复分区表（MBR 或 GPT）；

（3）快速格式化；

（4）调整分区大小；

（5）重建分区表、重写主引导记录；

（6）磁盘表面检测；

（7）复制扇区；

（8）支持 FAT（FAT16、FAT32、exFAT）、NTFS、Ext（Ext2、Ext3、Ext4）文件格式系统的建立及容量调整、移动和移除。

DiskGenius 是一款专业级的数据恢复软件，支持多种情况下的丢失文件、丢失分区恢复；支持文件预览；支持扇区编辑、RAID 恢复等高级数据恢复功能。

DiskGenius 是一款功能全面、安全可靠的磁盘分区工具。

DiskGenius 还是一款系统备份与还原软件。支持分区备份、分区还原、分区复制、硬盘复制等。DiskGenius 还提供了许多实用、便利的功能：快速分区、整数分区、分区表错误检查与修复、坏道检测与修复、永久删除文件、虚拟硬盘与动态磁盘、内附 DOS 版等。

使用 DiskGenius 软件对硬盘进行磁盘分区的步骤如下：

（1）进入 U 盘 PE 系统后，打开 DiskGenius 软件，其界面如图 5-7 所示。

图 5-7　DiskGenius 软件主界面

（2）在"空闲"区域单击鼠标右键，在弹出的快捷菜单中选择"建立新分区"选项，如图 5-8 所示。

图 5-8　"建立新分区"选项

（3）在弹出的"建立新分区"对话框上单击"主磁盘分区"单选框，自定义"新分区大小"后，选择文件系统类型为"NTFS"，最后单击"确定"按钮，建立主磁盘分区如图5-9所示。

图5-9 建立主磁盘分区

（4）主磁盘分区建立好后，右击"空闲"区域，在快捷菜单上选择"建立新分区"选项，在其对话框中单击"扩展磁盘分区"单选框，自定义新分区大小并确定，建立扩展磁盘分区如图5-10所示。

图5-10 建立扩展磁盘分区

（5）"空闲"区域出现绿色条框后，右击"空闲"区域，在弹出的快捷菜单中选择"建立新分区"选项，如图5-11所示。

（6）在弹出的"建立新分区"对话框中，单击"逻辑分区"单选框，文件系统类型选为"NTFS"，自定义分区大小并确定，建立逻辑分区如图5-12所示。

（7）两个分区建立完成后，进行"保存更改"操作，如图5-13所示。

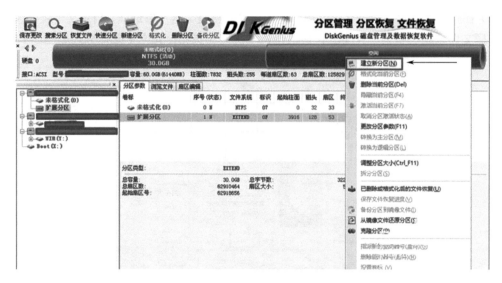

图 5-11 "空闲"区域出现绿色条框后，建立新分区

图 5-12 建立逻辑分区

图 5-13 进行"保存更改"操作

（8）保存更改后，在弹出的对话框上单击"是"按钮"格式化"两个新建立的分区，如图 5-14 所示。

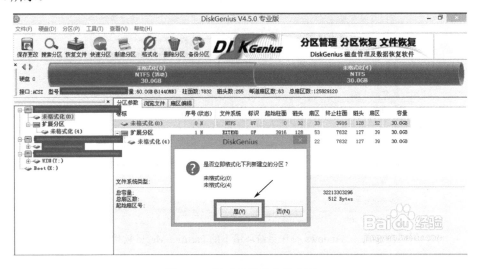

图 5-14 格式化新建立的分区

（9）最后，硬盘的磁盘分区操作完成，界面如图 5-15 所示。

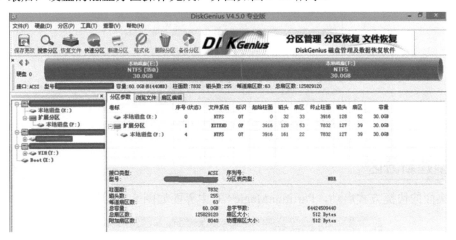

图 5-15 磁盘分区操作完成后的界面

5.4 磁盘分区管理工具 PartitionMagic

PartitionMagic 是老牌的磁盘分区管理工具。最初由 Power Quest 公司开发，用于个人计算机的磁盘分区，但该公司现被赛门铁克公司收购。该工具适用于具有 Windows 操作系统的环境（见图 5-16）或由安装光盘引导而没有操作系统（DOS 环境，图 5-17）的个人计算机。PartitionMagic 可在不损坏数据的情况下对 NTFS、FAT16 和 FAT32 的磁盘分区进行复制、移动和调整大小，可以实现 NTFS、FAT16 和 FAT32 分区之间的格式转换，可以修改 NTFS、FAT16 和 FAT32 文件系统的文件簇的大小，可以合并相邻的 FAT 或 NTFS 文件系统，还有限地支持

Ext2 和 Ext3 文件系统。本书后面的分区管理内容将以 PartitionMagic 软件为例进行讲解。

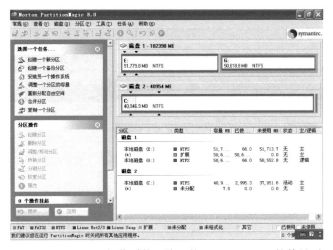

图 5-16　Windows 操作系统环境下的 PartitionMagic 软件界面

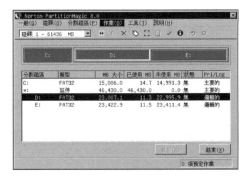

图 5-17　DOS 环境下的 PartitionMagic 软件界面

5.4.1　创建新分区

通过桌面的快捷方式启动，PartitionMagic 8.0 主界面如图 5-18 所示。

图 5-18　PartitionMagic 8.0 主界面

在主窗格选择用于创建分区的磁盘（见图5-19）。

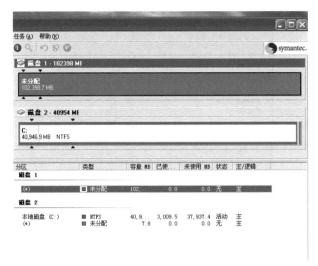

图5-19　选择用于创建分区的磁盘

在"分区"菜单中，选择"创建"选项来建立分区（见图5-20）。

单击"下一步"按钮，弹出"创建分区"对话框，可在各属性性下拉列表中选择分区类型、大小、簇大小、驱动器盘符等内容，新分区属性设置如图5-21所示。

图5-20　"创建"选项

图5-21　新分区属性设置

按照先"主分区"，再"扩展分区"，最后"逻辑分区"的顺序依次创建分区。分区创建后的磁盘示意图如图5-22所示。

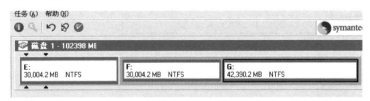

图5-22　分区创建后的磁盘示意图

分区创建后，可选择"常规"菜单下的"应用改变"、"撤销上次更改"或"放弃所有更改"

选项来撤销或应用分区操作（见图 5-23）。未应用的分区操作将不会生效，计算机重启后分区
状态将还原。

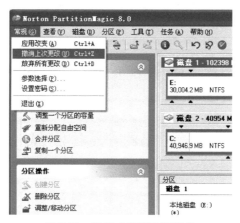

图 5-23　撤销或应用分区操作

5.4.2　调整分区大小

在不损坏分区原有数据的情况下，容量调整是一个非常重要和非常实用的磁盘分区管理功
能，使用 PartitionMagic 的分区容量调整功能可以方便、快捷地完成无损分区的容量调整。

在软件主界面中选中需要调整容量的分区，单击鼠标右键弹出快捷菜单，选择"调整容量/
移动"选项，弹出"调整容量/移动分区"对话框（见图 5-24）。根据当前分区比例，需要将该
分区空间调整到之前的分区，在"自由空间之前"直接输入空间容量值，也可以直接拖动表示
分区的色块边缘的滚动条进行调整。可调整空间必须小于该分区可用空间容量。

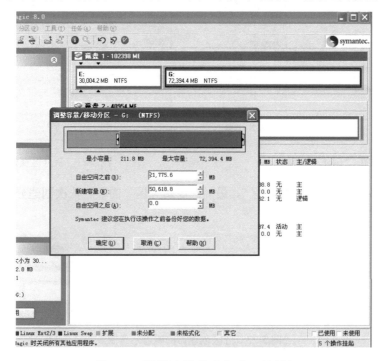

图 5-24　"调整容量/移动分区"对话框

通过调整后，在两个分区之间产生了一个未分配空间（见图 5-25）。

图 5-25　未分配空间

选中要将容量调大的分区，单击鼠标右键，在快捷菜单上选择"调整容量/移动"选项，弹出对话框。将分区色块后部的滚动条拖到边缘，或将"自由空间之后"数值设置为"0"（见图 5-26、图 5-27）。

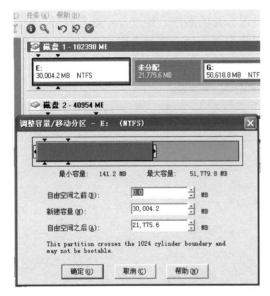

图 5-26　将滚动条拖到边缘

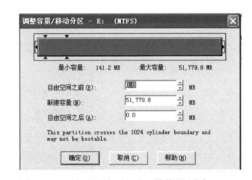

图 5-27　"自由空间之后"数值设置为"0"

调整分区后的磁盘分区状态如图 5-28 所示。

调整完毕后，需要在"应用更改"对话框上（见图 5-29）单击"是"按钮使更改生效。

图 5-28　调整后的磁分区状态

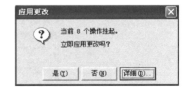

图 5-29　"应用更改"对话框

5.4.3　合并磁盘分区

PartitionMagic 的合并分区功能，是指在不破坏原有数据的情况下，将相邻的两个分区合并为一个分区的功能。该功能可以减少分区个数，方便管理。

在软件主界面中选中需要合并的分区，单击鼠标右键，在快捷菜单中选择"合并"选项，如图 5-30 所示。

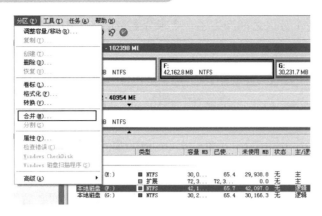

图 5-30　选择"合并"选项

在弹出的"合并邻近的分区"对话框中，可以设置合并的顺序。经过合并处理以后，被合并的分区将以文件夹的形式存在于合并的分区内，因此需要为这个文件夹取一个名字，以便于查找。"合并邻近的分区"对话框如图 5-31 所示。

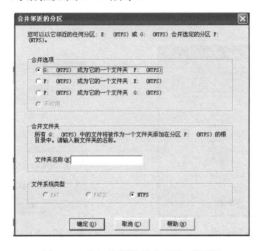

图 5-31　"合并邻近的分区"对话框

合并完成后的磁盘分区状态如图 5-32 所示。

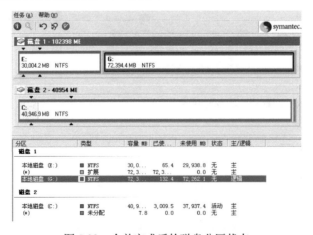

图 5-32　合并完成后的磁盘分区状态

5.4.4 转换分区格式

PartitionMagic的转换分区格式功能可在不损坏数据的前提下将FAT分区格式转换成NTFS分区格式，以使分区具有更强大的功能，并拥有更高的安全性。

选中要转换的分区，单击鼠标右键，在弹出的快捷菜单上选择"转换"选项，可在弹出的"转换分区"对话框中选择转换的格式和分区类型（见图5-33）。

图5-33 "转换分区"对话框

5.4.5 隐藏分区

PartitionMagic 的分区隐藏功能可以将不需要显示的分区隐藏。

选择要隐藏的分区，在"分区"菜单中选择"高级"选项下的"隐藏分区"子选项，在弹出的对话框上"确认"后，分区将被隐藏（见图5-34、图5-35）。如果要显示分区，选择"分区"菜单中的"高级"选项下的"显示分区"子选项即可。

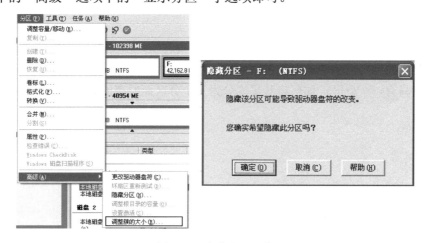

图5-34 隐藏分区操作

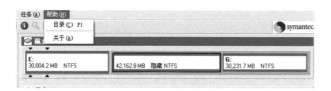

图5-35 分区被隐藏

5.4.6　分区格式化

格式化（Formatting）是指对磁盘或磁盘中的分区（Partition）进行初始化的一种操作，这种操作通常会导致现有的磁盘或分区中所有的文件被清除。格式化通常分为低级格式化和高级格式化两种。

高级格式化主要是对磁盘的各个分区进行磁道的格式化，在逻辑上划分磁道。对于高级格式化，不同的操作系统有不同的格式化程序、不同的格式化结果和不同的磁道划分方法。而低级格式化是物理级的格式化，主要用于划分磁盘的磁柱面，以及确认建立扇区数和选择扇区间隔比。磁盘要先低级格式化才能高级格式化，而刚出厂的磁盘已经进行了低级格式化，无须用户再进行低级格式化了。简单地说，高级格式化就是和操作系统有关的格式化，低级格式化就是和操作系统无关的格式化。

图 5-36　"格式化分区"对话框

一般只有在十分必要的情况下，用户才需要进行低级格式化。如磁盘坏道太多，经常导致存取数据时产生错误，甚至操作系统根本无法使用，那么这时就需要进行低级格式化了。

利用 PartitionMagic 格式化分区，只需要选中分区，单击鼠标右键，在快捷菜单中选择"格式化"选项，在"格式化分区"对话框中选择分区类型和卷标（名字），单击"确定"按钮即可（见图 5-36）。

5.5　思考与习题

问答题

（1）文件格式种类有哪些？它们各自的特点是什么？

（2）硬盘只有一个分区，如何将其平均分为三个分区而原有的系统和数据不被破坏？

第 **6** 章

软件安装

6.1 操作系统安装

本章以 Windows 10 为例介绍操作系统的安装过程。

启动计算机并将光驱设为第一启动设备，将 Windows 10 安装光盘放入光驱。计算机读取光盘，自动加载安装界面（见图 6-1）。

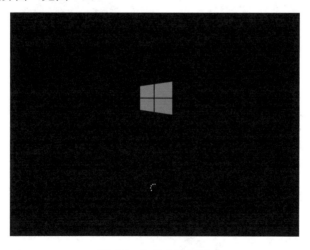

图 6-1   加载安装界面

进入安装界面后，需要选择要安装的语言、时间和货币格式及键盘和输入方法等（见图 6-2）。单击"下一步"按钮，单击"现在安装"按钮确认（见图 6-3、图 6-4）。输入产品密钥，如图 6-5 所示。产品密钥是具有产品授权的证明，它是根据一定的算法（如椭圆算法）产生的随机数。当用户输入产品密钥后安装程序会根据其输入的产品密钥判断是否满足相应的算法，通过这样的方式来确认用户的身份和使用权限。

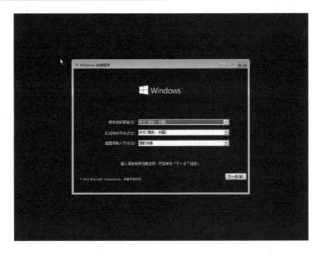

图 6-2　要安装的语言及其他设置

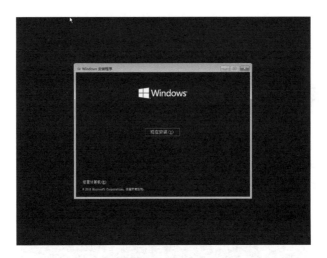

图 6-3　单击"现在安装"按钮

图 6-4　安装程序正在启动

选择 Windows 10 的安装版本（见图 6-6）。Windows 10 家庭版主要面向普通个人和家庭用户，包括全新的 Windows 10 应用商店、新一代 Edge 浏览器、Cortana 微软小娜、Continuum 模式及 Windows Hello 生物识别功能等。Windows 10 专业版主要面向计算机技术爱好者和企业技术人员，除拥有 Windows 10 家庭版所包含的应用商店、Edge 浏览器、微软小娜、Windows Hello 等功能外，还内置一系列 Windows 10 的增强技术，主要包括组策略、Bitlocker 驱动器加密、远程访问服务、域名连接及全新的 Windows Update for Business 服务。选择好安装版本后会出现如图 6-7 所示的"适用的声明和许可条款"界面。

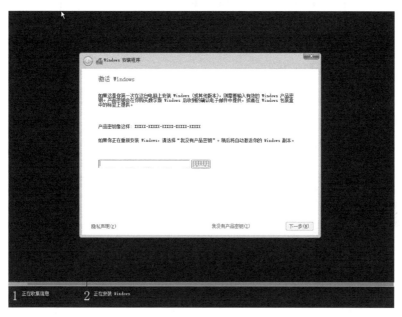

图 6-5 输入产品密钥

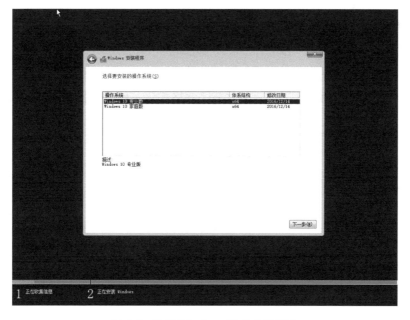

图 6-6 选择 Windows 10 的安装版本

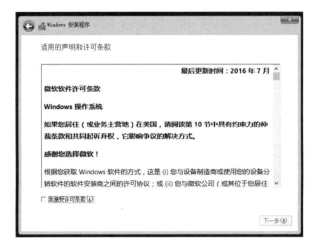

图 6-7 "适用的声明和许可条款"界面

选择安装类型，安装类型有升级和自定义两种方式，这里选择自定义进行全新安装（见图 6-8）。

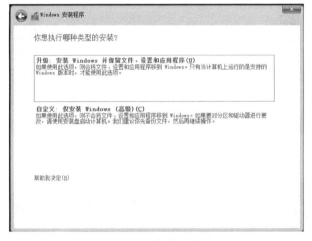

图 6-8 安装类型选择

可通过安装程序自带的分区工具，建立分区并格式化。然后选择安装 Windows 10 的分区（见图 6-9）。

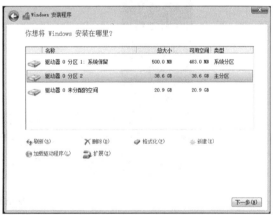

图 6-9 选择安装 Windows 10 的分区

正在安装 Windows 操作系统时，安装程序会显示当前状态（见图 6-10），安装完成后 Windows 操作系统将自动重启（见图 6-11）。

图 6-10 安装状态

图 6-11 Windows 操作系统重启

计算机重启以后，屏幕显示准备就绪（见图 6-12），安装将进入"自定义设置"界面（见图 6-13）。

图 6-12 准备就绪

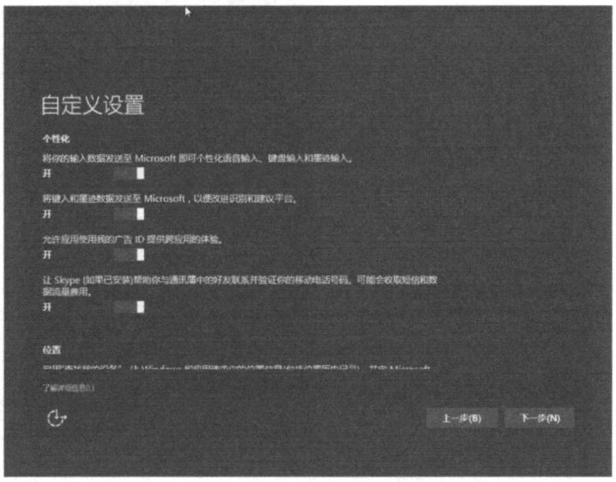

图 6-13 "自定义设置"界面

除进行计算机名称、帮助保护和更新设置外，还可以进行微软账户[1]设置（见图 6-14），并启动微软小娜语音助手（见图 6-15）。

图 6-14 微软账户设置

图 6-15 启动微软小娜语音助手

---

1 软件图中"帐户"的正确写法应为"账户"。

设置完成后，稍等片刻，便可进入 Windows 10 桌面（见图 6-16、图 6-17），这时操作系统也就安装完成了。

图 6-16　等待进入 Windows 10 桌面

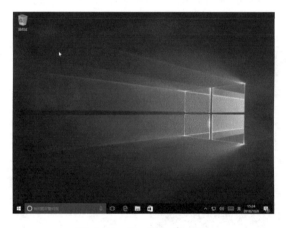

图 6-17　Windows 10 桌面

6.2　驱动程序安装

6.2.1　主板驱动程序安装

intel_inf_10025_
1.exe

图 6-18　主板驱动安装程序

主板驱动程序主要是用来开启芯片组的内置功能的，功能包括：芯片组驱动、集成显卡驱动、集成网卡驱动、集成声卡驱动、USB驱动。一般主板的驱动程序在主板的附带光盘中。将安装光盘放入光驱，运行主板驱动安装程序（见图 6-18），按照提示进行安装。

运行主板驱动安装程序后出现如图 6-19 所示的安装界面，单击"下一步"按钮继续安装。

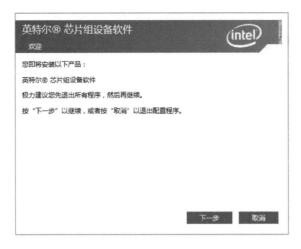

图 6-19　安装界面

出现"INTEL 软件许可协议"后，单击"接受"按钮（见图 6-20）。

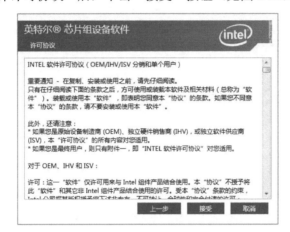

图 6-20　INTEL 软件许可协议

开始安装后，等待一段时间，安装完成（见图 6-21）。

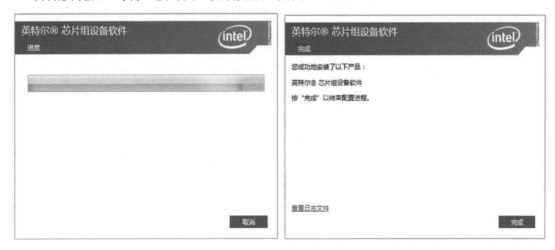

图 6-21　安装完成

6.2.2 显卡驱动程序安装

要充分发挥显卡的性能，就需要安装显卡的驱动程序。

显卡的驱动安装程序在显卡附带光盘中。将安装光盘

354.56-quadro-grid-desktop-n
otebook-win10-64bit-internati...
NVIDIA Package Launcher

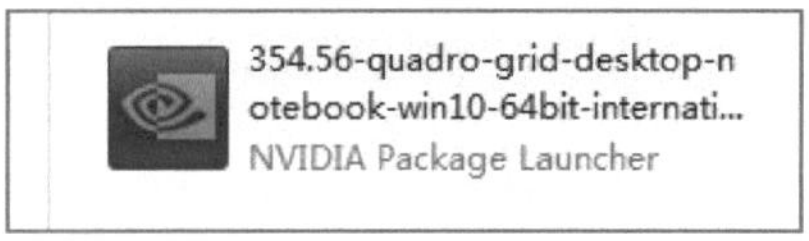

图 6-22　显卡驱动安装程序

放入光驱，运行其驱动安装程序（见图 6-22），出现如图 6-23 所示的安装界面，包含"NVIDIA 软件许可协议"内容，单击"同意并继续"按钮。

选择驱动程序的安装方式，"精简"只包含设备驱动程序，"自定义"可以选择性地安装显卡驱动程序和相关的加速优化程序（见图 6-24）。选择确定后，单击"下一步"按钮。

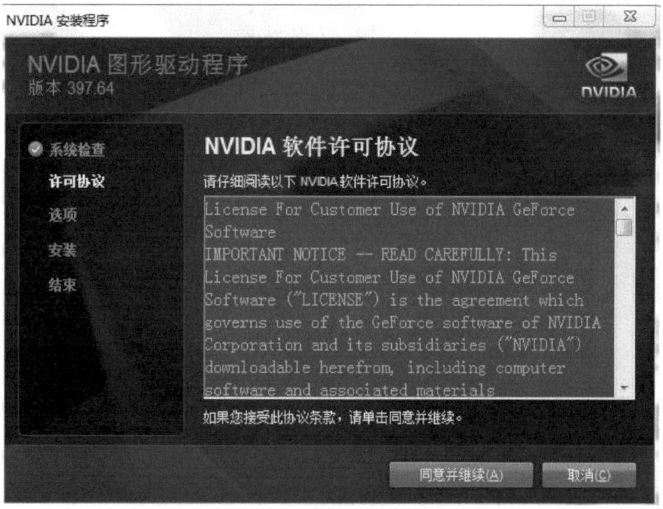

图 6-23　NVIDIA 软件许可协议

图 6-24　选择驱动程序安装方式

稍等片刻后，NVIDIA 图形驱动程序安装完成，如图 6-25 所示。

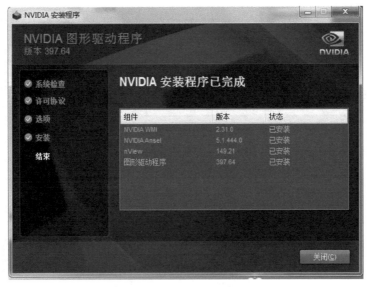

图 6-25　NVIDIA 图形驱动程序安装完成

6.2.3　声卡驱动程序安装

声卡一般都集成在主板上，在安装主板驱动程序的同时就会自动安装声卡驱动程序。但如果是独立声卡（安装在 PCI 扩展插槽中）就需要单独安装声卡驱动程序了。将安装光盘放入光驱，并运行声卡驱动安装程序"Setup.exe"（见图 6-26）。

开始运行声卡驱动安装程序后，出现欢迎界面（见图 6-27），单击"下一步"按钮继续安装过程，会出现如图 6-28 所示的"安装状态"界面。

Setup.exe

图 6-26　声卡驱动安装程序

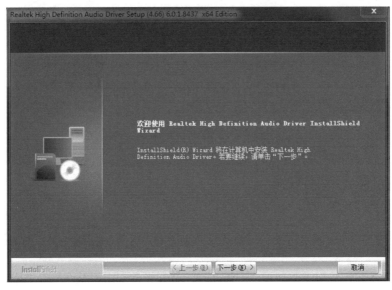

图 6-27　欢迎界面

图 6-28 "安装状态"界面

　　驱动程序安装完成后，通常操作系统会要求重新启动计算机，其目的是通过重新启动使安装的驱动程序生效（见图 6-29）。

图 6-29　重新启动计算机

6.2.4　打印机驱动程序安装

1. 安装方法

　　打印机等外部设备都需要安装驱动程序才能正常使用，可以通过以下几种方式获取并安装驱动程序：

　　（1）新购设备随包装附带驱动程序安装光盘。打开光盘双击"Autorun"图标，运行驱动程序如图 6-30 所示。

图 6-30 运行驱动程序

安装程序启动界面如图 6-31 所示。

图 6-31 安装程序启动界面

（2）通过官方网站下载驱动程序。

本例以 HPLaserJet MFP M436 打印复印一体机为例介绍驱动程序安装过程。

打开浏览器，在地址栏输入"http://www.hp.com/"，打开官方网站，找到软件和驱动下载界面如图 6-32 所示。

输入产品名称，即可查找到所需要的驱动程序（见图 6-33）。

（3）利用第三方软件安装驱动程序，如下载安装"驱动精灵"，"驱动精灵"可以自动检测缺失的驱动程序并安装。

图 6-32　软件和驱动下载界面

图 6-33　查找驱动程序

2. 安装步骤

打印机作为非必备的输出设备，在操作系统安装完成后打印机驱动程序不会自动安装，需要手动添加。打印机接口主要有并行端口（LPT）和 USB 端口两种。首先使用并行端口或 USB 端口数据线连接打印机和计算机。打开"控制面板"（见图 6-34）。

单击"设备和打印机"图标，跳转到"设备和打印机"窗口后单击"添加打印机"按钮（见图 6-35）。

图 6-34　控制面板　　　　　　　　　　　　　　　　图 6-35　添加打印机

选择要安装打印机的类型，由于是使用 LPT 接口连接的，所以选择"添加本地打印机"（见图 6-36）。

图 6-36　选择打印机类型

根据打印机数据线端口的类型，选择打印机端口（见图 6-37）。

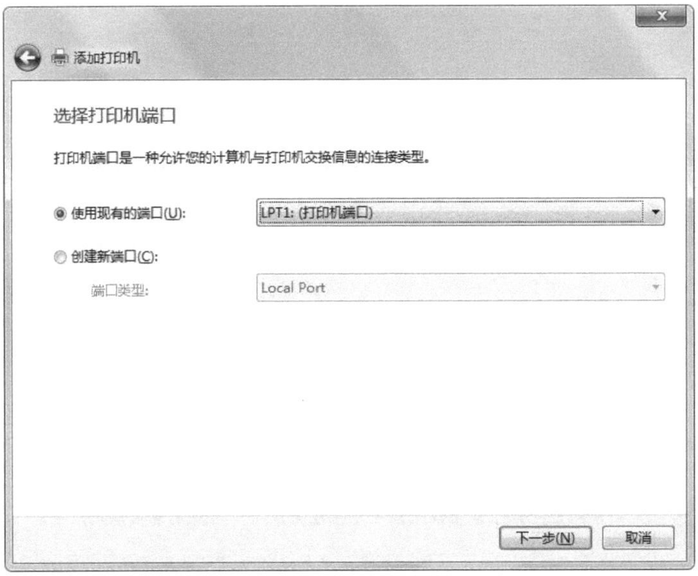

图 6-37　选择打印机端口

单击"下一步"按钮，选择要安装的打印机驱动程序（见图 6-38）。操作系统中已集成了大量的常见打印机品牌和型号的驱动程序，可以在列表中根据打印机具体型号进行选择。如果在列表中没有相应的型号，就需要单击"从磁盘安装"按钮来运行驱动光盘或准备好的驱动程序安装包进行驱动程序安装。

按型号选择打印机驱动程序后，单击"下一步"按钮，输入打印机名称（见图 6-39）。

确认打印机名称无误后，单击"下一步"按钮，选择打印机是否共享。如果希望几台计算机共同使用一台打印机的话，就需要将打印机在网络中共享（见图 6-40）。

图 6-38　选择打印机驱动程序

图 6-39　输入打印机名称

图 6-40　共享打印机

打印机驱动程序安装完成后，可以通过"打印测试页"来检验驱动程序是否有效及打印机是否正常工作（见图6-41）。

安装好的打印机会在"设备和打印机"窗口中显示（见图6-42）。

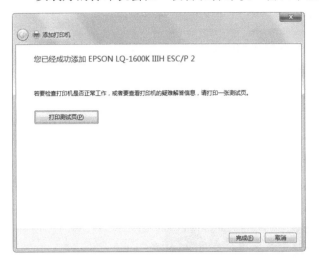

图6-41　打印测试页

图6-42　显示打印机

6.3　应用软件安装

应用软件通常有两种。一种是软件对操作系统几乎没有任何改变，除软件的安装目录外，不往注册表、系统文件夹等任何地方写入任何信息（或只在开始菜单中添加简单的快捷方式），卸载软件只需要直接删除安装目录即可，即俗称的"绿色软件"。该类软件不需要安装，下载解压后就可以直接使用。如图6-43所示的计算机音频播放器"千千静听"，双击"TTPlayer.exe"图标即可运行。

TTPlayer.exe

图6-43　千千静听

另一种是需要安装才可以使用的软件，安装程序的名称中常有"setup""install""installer""installation"等字段。安装程序通常也会同时具有卸载程序（或称反安装程序），以协助使用者将软件从计算机中删除。

6.3.1　"驱动人生"软件安装

本节将以"驱动人生"为例，介绍应用软件的安装过程。

图6-44　"驱动人生"安装程序

首先从"驱动人生"官方网站将安装程序下载至计算机桌面上（见图6-44）。

由于软件的安装运行过程中会更改系统设置或注册表，而普通用户通常只有读的权限，没有改的权限，也就无法完成更改操作，所以需要右击安装程序图标，选择快捷菜单中的"以管理员身份运行"选项并单击"是"按钮确认更改（见图6-45）。

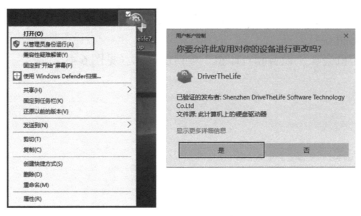

图 6-45　以管理员身份运行安装程序

确认后进入安装向导界面（见图 6-46），在界面中可以设置安装目录的位置及是否创建桌面快捷方式、开始菜单快捷方式，单击"许可协议"链接可阅读软件使用许可条款内容。

图 6-46　安装向导界面

单击"已阅读并同意 许可协议"复选框，开始"立即安装"，"正在安装"进度条会直观地显示安装进度，如图 6-47 所示。

图 6-47　安装进度

如图 6-48 所示为"驱动人生"软件安装完成后的界面，通常应用软件安装结束后会提示使用者"立即体验"该软件。

图 6-48 软件安装完成

6.3.2 Microsoft Office 安装

Microsoft Office 是微软公司开发的一套基于 Windows 操作系统的办公软件套装。常用组件有 Word 文字处理软件、Excel 电子数据表程序、PowerPoint 演示文稿软件、Outlook 个人信息管理程序和电子邮件通信软件、Visio 流程图和矢量绘图软件等。Microsoft Office 是一款常用的办公软件，普及率非常高。

首先打开安装光盘或程序安装包的安装文件夹，双击"setup.exe"图标，运行安装程序（见图 6-49）。

进入"选择所需的安装"界面，单击"立即安装"按钮，这会使所有 Office 组件及工具全部安装在默认的安装路径下（见图 6-50）。

图 6-49 运行 Microsoft Office 安装程序

图 6-50 "选择所需的安装"界面

选择"自定义"安装则可以进行"自定义安装"，单击"安装选项"选项卡，根据用户的需要安装相应的组件和工具，以节约磁盘空间，如图 6-51（a）所示。也可以单击"文件位置"选项卡设置软件的安装位置，如图 6-51（b）所示。

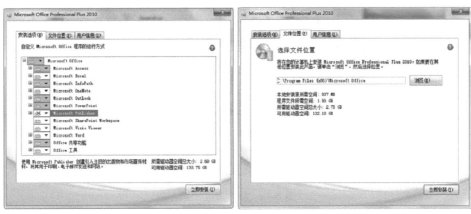

（a）"安装选项"选项卡　　　　　　　　（b）"文件位置"选项卡

图 6-51　"自定义"安装

单击"立即安装"按钮，开始安装并显示安装进度（见图 6-52）。

图 6-52　"安装进度"界面

安装完成以后，安装程序会提示安装完成，关闭此界面，就可以使用该软件了（见图 6-53）。

图 6-53　安装完成

6.3.3 Adobe Photoshop 安装

Adobe Photoshop，简称"PS"，是由 Adobe Systems 开发和发行的图像处理软件。Photoshop 主要处理由像素构成的数字图像，使用其众多的编修与绘图工具，可以有效地进行图片编辑工作。Photoshop 被广泛地应用于平面设计、网页设计、海报设计、后期处理、照片处理等领域。

下载安装包后对其进行解压，双击解压后文件夹中的"Set-up.exe"图标进行安装（见图 6-54）。

图 6-54 Set-up.exe 图标

系统会对安装程序进行初始化处理（见图 6-55），其目的是验证操作系统及硬件是否与安装软件兼容。

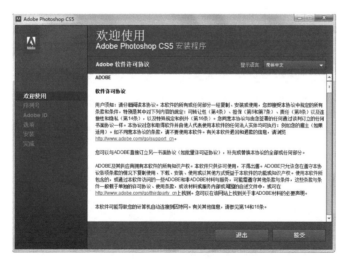

图 6-55 初始化安装程序

初始化结束后，进入软件安装向导界面，选择是否接受软件发行商的《软件许可协议》（见图 6-56）。

图 6-56 软件许可协议

安装过程中会提示输入序列号（见图 6-57），如果还没有购买此软件，可选择"安装此产品的试用版"（见图 6-58）。试用版一般会在软件的功能上或使用时间上有一些限制条件，如期限一到软件将不能再使用，这时它一般会要求使用者注册或购买软件产品，Photoshop 的试用时间是 30 天。

单击"下一步"按钮，进入"安装选项"界面。设置软件的安装位置和组件，安装位置可以自定义也可以使用默认位置（见图 6-59）。

图 6-57　"输入序列号"界面

图 6-58　单击"安装此产品的试用版"单选框后界面

图 6-59　"安装选项"界面

单击"安装"按钮进入"安装进度"界面（见图 6-60）。

图 6-60 "安装进度"界面

安装完成以后，系统会提示"安装已完成"，如图 6-61 所示。单击"完成"按钮，就完成了 Photoshop 的安装，这时就可以使用软件了。

图 6-61 安装成功界面

6.4 思考与习题

1. 问答题

（1）显示器是否需要安装驱动程序？为什么？

（2）一台计算机的显卡驱动程序未安装，但随机附带的驱动程序安装光盘已经丢失，用什么方法可以将显卡驱动程序安装好？

（3）列举日常生活、工作和学习中常用的应用软件。

（4）应用软件可以通过直接删除文件目录的方式删除吗？为什么？

（5）Windows 操作系统升级安装与全新安装有何区别？

（6）没有分区的硬盘可以安装 Windows 10 吗？为什么？

2．操作题

（1）通过第三方软件安装一个打印机驱动程序，实现正常打印。

（2）通过打印机的官方网站下载获取打印机驱动程序，实现正常打印。

（3）如何安装扫描仪驱动程序？

第7章

计算机组装知识链接

7.1 计算机系统组成

（该知识点支撑第 3 章硬件安装）

计算机按照其规模可以分为巨型、大型、中型、小型、微型计算机（含台式计算机、一体机和笔记本电脑）和掌上 PDA 等。本书主要介绍通用的微型计算机，因为它和我们生活最贴近。微型计算机简称微机，也称为个人计算机（Personal Computer）即 PC。目前微型计算机主要有台式 PC 和便携式 PC 两类。台式 PC，在商用、办公、学校实验室机房等领域广泛使用，因此学习它的组装、维护、维修具有典型意义。

计算机系统由硬件系统和软件系统两部分组成，计算机系统组成如图 7-1 所示。

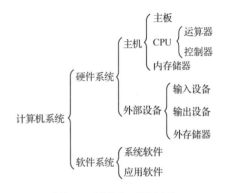

图 7-1 计算机系统组成

7.1.1 计算机硬件系统

计算机硬件是指构成计算机的各种物理实体部件，即看得见、摸得着的物理硬件，主要由电子部件和机电装置组成，它是计算机的物质基础。例如主板、电源、中央处理器 CPU、存储器、光盘驱动器、硬盘驱动器、显示器、各部件连接的总线或线缆及其他附属设备如打印机、摄像头、绘图仪等。只有这些零部件可以在一起协调工作的设备，才能称之为计算机。

计算机发展到现在，其零部件都有了很大的变化，但其工作原理却没有变，物理结构上仍然包括主板、CPU、内存、硬盘、显卡和声卡等部件。

冯·诺依曼计算机体系结构的硬件系统主要由运算器、控制器、存储器、输入设备和输出设备五大部分组成，这五部分是用系统总线连接为一体的。

1. 运算器

运算器是对信息进行加工处理的部件，它在控制器的控制下与存储器交换信息，完成对数据的算术运算和逻辑运算。控制器和运算器一起组成了计算机的核心部件，称为中央处理器即CPU（Central Processing Unit）。

2. 控制器

控制器是整个计算机的指挥中心，它负责对指令进行分析、判断，发出控制信号，控制计算机有关设备的协调工作，确保系统正常运行。

3. 存储器

存储器是计算机的记忆装置，用来存储程序和数据。计算机的存储器可分为主存储器（内存储器）和辅助存储器（外存储器）两种。向存储器内存储信息称"写入"，从存储器里取出信息称为"读出"。

通常把运算器、控制器和主存储器一起认为是主机中最重要的部分，而其余的输入、输出设备和辅助存储器称为外部设备。

4. 输入设备

输入设备能把程序、数字、图形、图像、声音等数据转换成计算机可以接收的数字信号并输入到计算机中。常见的输入设备有键盘、鼠标、摄像头、麦克风（传声器）、光笔、扫描仪、数码相机、传感器等。

5. 输出设备

输出设备是用来输出计算机数据处理结果的部件。常见的输出设备有显示器、打印机、绘图仪、音箱等。

7.1.2 计算机软件系统

计算机软件系统的组成包括系统软件和应用软件两大类。系统软件（System Software）是指控制和协调计算机及外部设备，支持应用软件开发和运行，无须用户干预的各种程序的集合。系统软件的主要功能是调度、监控和维护计算机系统；负责管理计算机系统中各种独立的硬件，使它们可以协调工作。应用程序或应用软件（Application Software），简称应用，是指为实现用户某种特殊应用目标所编写的软件，例如文字处理软件（Office Word、WPS）、电子数据表程序（Office Excel）、会计应用（用友、金蝶）、网页浏览器（Internet Explorer、Chrome）、媒体播放器（RealPlayer、Windows Media Player）、航空飞行模拟器、游戏及图像编辑器（Adobe Photoshop、CorelDRAW）等。

1. 软件的概念和分类

软件系统是指为运行、管理和维护计算机系统所编制的各种程序的总和。软件系统又分为系统软件和应用软件两大类。

（1）系统软件。

系统软件是指面向计算机管理的、支持应用软件开发和运行、方便用户使用和维护计算机的软件。系统软件包括计算机操作系统、监控管理程序及程序设计语言等。

操作系统是计算机系统的核心，常用的操作系统有 Windows 7/8/8.1/10、Linux、UNIX、Mac OS、我国自主研发的中标麒麟操作系统 NeoKylin 和深度操作系统 Deepin15.5 等。

程序设计语言是面向用户开发的工具软件，常见开发工具包括 C++、C#、VC、Java、Python 等。

（2）应用软件。

应用软件是指用户在各自的应用领域中为解决各种实际问题而开发编制的程序。由于计算机应用的日益普及，各个领域的应用软件越来越多。常见的应用软件主要有：办公自动化软件、管理类软件、网络软件、工具软件、辅助设计软件和辅助教学软件等。

应用软件按照提供方式和是否盈利可以分为三类。

（1）商业软件。

商业软件由开发者出售并提供技术服务，用户只有使用权，不得进行非法复制、扩散和修改。

（2）共享软件。

由开发者提供软件试用程序复制使用授权，用户在试用期满后，须向开发者支付使用费用，开发者则提供相应的升级和技术服务。

（3）免费软件。

免费软件由开发者提供软件程序，任何用户都可以免费使用、复制及扩散。

2.　常见操作系统的安装方式

操作系统是控制与管理软硬件资源的程序集合，主要负责实现资源管理、程序控制和人机交互等功能。操作系统位于底层硬件与用户之间，是两者沟通的桥梁。用户可以通过操作系统的用户界面，输入命令。操作系统则对命令进行解释，驱动硬件设备，实现用户要求。就现代标准而言，一个标准的计算机操作系统应该具有以下功能：

（1）进程管理（Process Management）；

（2）内存管理（Memory Management）；

（3）文件管理（File Management）；

（4）网络通信（Network Communication）；

（5）安全机制（Security）；

（6）用户界面（User Interface）；

（7）设备驱动程序（Device Driver）。

常见操作系统的安装方式主要有：

（1）全新安装，是指在新硬盘或已经格式化的硬盘分区上安装操作系统。这种安装方式需要搜集计算机的硬件信息并安装所有系统文件，安装时间较长。如果硬盘中已安装了操作系统，要在其他硬盘分区中安装不同版本的操作系统，这种情况也属于全新安装。

（2）升级安装，是指将已存在的操作系统从低版本升级到高版本，例如从 Windows 7 升级到 Windows 8。升级安装方式只是将必要的系统文件进行升级，原操作系统中的系统设置和个人资料会被保留。

（3）多系统安装，是指在硬盘中已经存在操作系统的情况下，再安装其他的操作系统，使不同的操作系统共同存在。实现多系统安装会占用较大的硬盘空间，并且在进行多系统安装时，必须将不同的操作系统安装到不同的硬盘分区中。

（4）Ghost 安装，是指使用 Ghost 或 Drive Image 等工具软件在安装好的操作系统中制作一个镜像文件，然后使用该镜像文件安装操作系统。使用这种方式安装操作系统的速度最快，一般只需要几分钟就可以完成。使用镜像文件安装方式安装操作系统，被镜像文件覆盖的分区上的所有数据将会丢失，因此为避免不必要的麻烦，应先备份好重要的数据。

3. 设备驱动程序

设备驱动程序（Device Driver），简称驱动程序（Driver），是一个允许高端计算机软件（Software）与硬件（Hardware）交互的程序。这种程序创建了一个硬件与硬件或硬件与软件沟通的接口，经由主板上的总线（Bus）或其他沟通子系统（Subsystem）与硬件形成连接机制，这样的机制使得硬件设备（Device）上的数据交换成为可能。操作系统只有通过这个接口，才能控制硬件设备的工作。假如某设备的驱动程序未能正确安装，便不能正常工作。正因为这个原因，驱动程序在操作系统中所占的地位十分重要，一般当操作系统安装完毕后，首要的工作便是安装硬件设备的驱动程序。通常情况下并不需要安装所有硬件设备的驱动程序，例如硬盘、显示器、光驱等就不需要安装驱动程序，而显卡、声卡、扫描仪、摄像头、调制解调器等就需要安装驱动程序。另外，不同版本的操作系统对硬件设备的支持也是不同的，一般情况下版本越高所支持的硬件设备也越多。

4. 设备驱动程序管理

Windows 操作系统中集成了主流的硬件驱动程序，可以使绝大多数设备"即插即用"。在 Windows 操作系统安装完成后，硬件设备被操作系统自动识别，可以直接使用。未被识别的就会在"设备管理器"界面中显示，如图 7-2 所示。未被系统识别的设备，会显示在"设备管理器"的"其他设备"项下面，还有一个黄色感叹号，这时需要单独安装设备驱动程序。

图 7-2 "设备管理器"界面

设备驱动程序一般可以通过四种方式得到：一是购买的硬件附带的驱动程序（光盘）；二是 Windows 操作系统自带的大量驱动程序；三是从互联网下载驱动程序；四是使用"驱动精灵""驱动人生"等三方驱动程序管理软件，检测系统中安装失败或未安装驱动程序的设备，通过互联网下载与设备相匹配的驱动程序。使用最后一种方式往往能够得到最新的驱动程序。

5. 软件使用许可

软件使用许可是指软件权利人与使用人之间订立的确立双方权利与义务的协议。依照这种协议，使用人不享有软件所有权，但可以在协议约定的时间、地点，按照约定的方式行使软件使用权。

这种使用许可不同于权利转让，不发生所有权的移转或所有权人的变更。当今世界，绝大多数的软件交易形式都是使用许可形式，例如经销许可、复制生产许可等。通常，在软件商店购买一套软件，或者在购买计算机时随机附送系统软件，购买者所享有的绝不是该软件的所有权或著作权，而仅仅是使用权。在这一交易中所产生的关于软件的合同即是软件使用许可合同。

7.2　计算机部件识别

（该知识点支撑第 3 章硬件安装）

计算机的主机通常是指计算机机箱内的部分，机箱内有主板、电源、硬盘、光盘驱动器和插在主板扩展槽上的各种系统功能扩展卡。计算机主机的机箱内部硬件构成如图 7-3 所示。

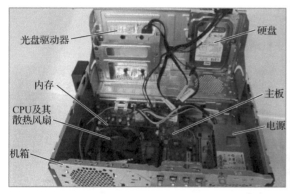

图 7-3　计算机主机的机箱内部硬件构成

7.2.1　认识主板

主板也称为主机板，有时也叫系统板和母板，是由聚酯材料做成的多层印制电路板，是计算机系统的重要部件，上面布满了各种电子元件器件、接口和插槽，把计算机各个部件连接起来形成一个完整的硬件系统。主板作为安装平台，集成了 BIOS 等各种控制芯片，提供 CPU 插座、内存插槽、总线扩展槽、外部设备接口，主板结构如图 7-4 所示。

7.2.2　认识 CPU 插座

CPU 需要通过 CPU 插座与主板连接才能进行工作。CPU 插座采用的接口方式有插针式、卡式、触点式等。目前 CPU 的接口大多是插针式接口和触点式接口，对应到主板上有相应的插槽类型。CPU 接口类型不同，在插孔数、体积、形状上都有区别，不能混插。CPU 的技术在不断地发展，其接口技术也随之变化。在选购主板和 CPU 时一定要注意接口标准是否一致，否则会产生不兼容的现象。两个不同的 CPU 插座如图 7-5 所示。

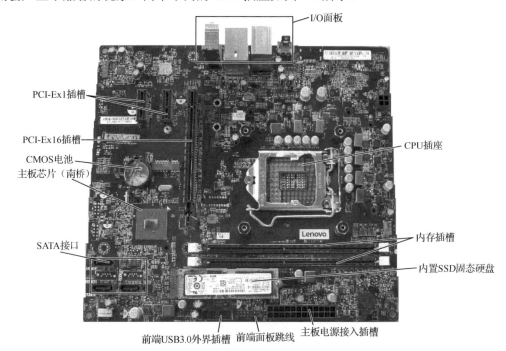

图 7-4　主板结构

图 7-5　两个不同的 CPU 插座

现在的 CPU 主要由两个厂家生产——AMD 和 Intel。当前流行的 CPU 基本上采用的是插针式 Socket 接口标准和触点式 LGA 接口标准，不过对于 Intel 而言 Socket 接口标准已经被淘汰，当前 CPU 以 LGA 触点式为主流接口。Intel 系列接口分为 LGA 1151、LGA 1150 及 LGA 2011-3 等接口；AMD 系列接口分为 Socket 754、Socket 939、Socket AM2、Socket AM2+、Socket AM3、Socket AM3+、Socket FM1、Socket FM2 和 Socket FM2+等接口。

7.2.3　认识 CPU

中央处理器（Central Processing Unit，CPU）是一块超大规模的集成电路，是一台计算机的运算核心（Core）和控制核心（ Control Unit）。它的功能主要是解释计算机指令及处理计算机软件中的数据。它是计算机的核心部件，计算机的所有信息都要通过它来处理，中央处理器是运算器（算术逻辑运算单元）、控制器和寄存器的集成。如图 7-6 所示为 Intel Core i7 8700芯片外观。

图 7-6　Intel Core i7 8700 芯片外观

中央处理器主要包括运算器（ALU，算术逻辑运算单元）、高速缓冲存储器（Cache）及实现它们之间联系的数据（Data）、控制总线（Bus）。它与计算机的内部存储器（Memory）和输入输出（I/O）设备合称为计算机三大核心部件。

7.2.4　认识内存插槽

内存插槽是连接内存与主板的接口。内存型号不一样，所采用的插针数不同，其接口标准就不一样，内存插槽类型也不相同。在选购主板和内存时一定要注意型号是否一致。随着计算机技术的发展，内存接口技术分别经过了 SDRAM、DDR、DDR2、DDR3 和 DDR4 等过程。内存插槽如图 7-7 所示。

图 7-7　内存插槽

7.2.5　认识内存

1. 台式机 DDR2、DDR3 及 DDR4

台式计算机 DDR2 内存单面触点数为 120 个（双面 240 个），缺口左边有 64 个触点，缺口右边有 56 个触点；台式计算机 DDR3 内存单面触点数为也是 120 个（双面 240 个），缺口左边有 72个触点，缺口右边有 48 个触点。台式计算机 DDR2、DDR3 内存插槽及相应内存如图 7-8 所示。

图 7-8　台式计算机 DDR2、DDR3 内存插槽及相应内存

　　台式计算机 DDR4 内存的触点数增加到 284 个，同 DDR2 和 DDR3 相比，内存整体长度不变，所以相邻触点之间的距离从 1.00mm 减到了 0.85mm，而每个触点本身的宽度为 0.60mm+0.03mm。DDR4 内存底部金手指不再是直的，而是呈弯曲状。从左侧数，第 35 针长度开始变长，到第 47 针长度达到最长，然后从第 105 针长度开始缩短，到第 117 针长度回到最短。金手指中间的"缺口"也就是"防呆口"的位置，比 DDR3 更靠近中央，台式计算机 DDR4 内存如图 7-9 所示。

图 7-9　台式计算机 DDR4 内存

2. 笔记本电脑 DDR2、DDR3、DDR4 及 DDR3L

　　笔记本电脑 DDR2 内存单面金手指有 100 个触点（双面 200 个触点），缺口左边有 80 个触点，缺口右边有 20 个触点；笔记本电脑 DDR3 内存单面金手指有 102 个触点（双面 204 个触点），缺口左边有 36 个触点，缺口右边有 66 个触点，笔记本电脑 DDR2、DDR3 内存插槽及相应内存如图 7-10 所示。

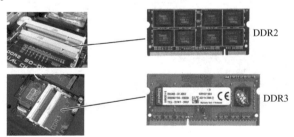

图 7-10　笔记本电脑 DDR2、DDR3 内存插槽及相应内存

　　笔记本电脑 DDR4 内存的触点数增加到了 260 个。DDR4 内存的金手指是平的。金手指中间的"缺口"也就是"防呆口"的位置相比 DDR3 内存更为靠近中央，笔记本电脑 DDR4 内存如图 7-11 所示。

　　DDR3L 低电压内存相比 DDR2 内存节能 40%，更省电，发热量更低，常用于超极本和低功耗的笔记本电脑上。DDR3L 内存和 DDR3 内存触点数量一样，安装插槽规格也一样，由于设计等原因，其插槽一般不可以通用、互换。DDR3L 低电压内存如图 7-12 所示。

图 7-11　笔记本电脑 DDR4 内存　　　　图 7-12　DDR3L 低电压内存

个别双插槽主板如果安装单条内存，要求必须先装第一个插槽，否则会导致不能识别，拆装时请查看主板标识或参看主板说明书。

7.2.6　认识硬盘/光驱接口

硬盘接口是硬盘与主机硬件系统间的连接部件，作用是在硬盘缓存和主机内存之间传输数据。硬盘接口决定着硬盘与计算机之间的连接速度，影响着程序运行速度和系统性能。

硬盘接口分为 IDE 接口、SATA 接口和 SCSI 接口三种。使用 IDE 接口的硬盘常见于老式的家用产品中，在服务器中也有部分应用；使用 SCSI 接口的硬盘主要应用于服务器市场；SATA 接口是一种较新的硬盘接口类型，目前正处于市场普及阶段，在家用市场中有着广泛的前景（图 7-4 中的主板使用的就是 SATA 接口）。

7.2.7　认识硬盘、光驱

由于内存的容量一般较小，而且不能永久存储数据，因此计算机一般都配有外存。外存相对于内存来说，读取数据较慢，但存储数据量大，并能永久存储数据。常用的外存有硬盘（机械硬盘和固态硬盘）、光盘、软盘、U 盘等。

1. 硬盘

硬盘分为机械硬盘（HDD）、固态硬盘（SSD）和混合硬盘（SSHD），如图 7-13 所示。

机械硬盘　　　　　　　　　固态硬盘SSD

图 7-13　常见的硬盘类型

（1）机械硬盘。

机械硬盘是使用温切斯特技术制成的驱动器，其将硅钢盘片连同读写头等一起封装在高度密闭的盒子内，不受灰尘影响。机械硬盘数据存储密度大、速度快。随着计算机技术的飞速发展，机械硬盘存储容量由 10MB 发展到几百 GB、TB，甚至更大。机械硬盘在正常存储数据之前，必须要经历低级格式化、分区和高级格式化的过程。

格式化简单说，就是将空白的磁盘划分成一个个小区域并编号，供计算机储存，读取数据。没有这个操作，计算机磁盘将无法进行数据的读和写。磁盘格式化（Formatting）是在物理驱动器（磁盘）的所有数据区上"写零"的操作过程，格式化是一种纯物理操作，同时对硬盘介质做一致性检测，标记出不可读和坏的扇区，并建立目录区和文件分配表。

1）机械硬盘低级格式化。

低级格式化就是将空白的磁盘划分出磁道，再将磁道划分为若干个扇区，每个扇区又划分出标识部分 ID、间隔区 GAP 和数据区 DATA 等。这个步骤一般由厂家来完成，它是一种损耗性操作，对硬盘寿命有一定的负面影响。当硬盘受到外部强磁体、强磁场的影响或因长期使用，硬盘盘面上由低级格式化划分出来的扇区格式磁性记录部分丢失，从而出现大量"坏扇区"时，可以通过低级格式化来重新划分扇区。低级格式化需要使用专门的磁盘管理程序来实现，一般在出厂前已经完成。

2）机械硬盘高级格式化。

在底层操作系统 DOS 命令提示符环境下输入 Format 命令，程序会首先提示格式化操作将删除分区中的全部数据，然后询问是否确定格式化硬盘；在 Windows 操作系统下，选中相应磁盘分区，单击鼠标右键，在快捷菜单中选择"格式化"选项即可完成对硬盘的高级格式化。

硬盘性能指标有容量和转速。硬盘的容量是硬盘的一个重要的性能指标，现在常用的硬盘容量一般为 80GB、160GB、320GB、500GB、1TB 甚至更高；硬盘的转速是指硬盘盘片每分钟转动的圈数，现在常用的硬盘转速一般为 5400r/min、7200r/min、10000r/min 等。

（2）固态硬盘。

固态硬盘（Solid State Drives，SSD），简称固盘。固态硬盘是用固态电子存储芯片阵列而制成的硬盘，由控制单元和存储单元（Flash 芯片、DRAM 芯片）组成。固态硬盘在接口的规范和定义、功能及使用方法上与机械硬盘完全相同，在产品外形和尺寸上也完全与机械硬盘一致。固态硬盘被广泛应用于军事、车载、工控、视频监控、网络监控、网络终端、电力、医疗、航空及导航设备等领域。

固态硬盘芯片的工作温度范围很宽，商规产品（0～70℃），工规产品（-40～85℃）。虽然成本较高，但固态硬盘也正在逐渐普及到 DIY 市场。由于固态硬盘技术与传统硬盘技术不同，所以产生了不少新兴的存储器厂商。厂商只需购买 NAND 闪存设备，再配合适当的控制芯片，就可以制造固态硬盘了。新一代的固态硬盘普遍采用 SATA-2 接口、SATA-3 接口、SAS 接口、MSATA 接口、PCI-E 接口、NGFF 接口、CFast 接口和 SFF-8639 接口。

固态硬盘的存储介质有两种，一种采用闪存（Flash 芯片）作为存储介质，另外一种采用 DRAM 作为存储介质。

1）基于闪存的固态硬盘。

基于闪存的固态硬盘（IDE Flash Disk、Serial ATA Flash Disk）采用 Flash 芯片作为存储介质，这也是通常所说的 SSD。它的外观可以被制作成多种模样，如笔记本电脑硬盘、微硬盘、存储卡、U 盘等样式。这种固态硬盘最大的优点就是可以移动，而且数据保护不受电源控制，能适应各种环境，适合个人用户使用。一般它的擦写次数为 3000 次左右，以常用的 64GB 固态硬盘为例，在 SSD 的平衡写入机制下，可擦写的总数据量为 64GB×3000=192000GB。假如每天下载 100GB 视频且看完就删除视频的话，可用天数为 192000/100=1920 天，按每年 366 天算，也就是 1920/366 =5.25 年。如果普通用户每天写入的数据远低于 10GB，以 10GB 为例计算，可以不间断用 52.5 年。若使用 128GB 的 SSD，则可以不间断用 104 年，理论上可以无限读写。

2）基于 DRAM 的固态硬盘。

采用 DRAM 作为存储介质，应用范围较窄。它仿效传统硬盘的设计，可被绝大部分操作系统的文件系统工具进行卷设置和管理，并提供工业标准的 PCI 接口和 FC 接口用于连接主机或者服务器。应用方式可分为 SSD 硬盘和 SSD 硬盘阵列两种。它是一种高性能的存储器，而且使用寿命很长，美中不足的是需要用独立电源来保护数据安全。DRAM 固态硬盘属于比较非主流的存储设备。

（3）SSHD 混合硬盘。

SSHD 混合硬盘其实就是 SSD 与 HDD 的结合，如图 7-14 所示。

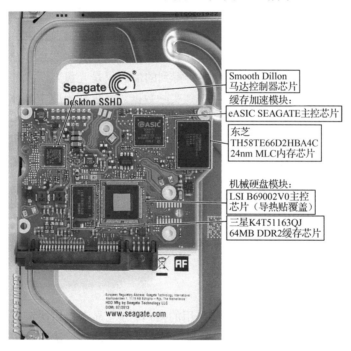

图 7-14　SSHD 混合硬盘

SSHD 混合硬盘主要有以下一些特征：

1）闪存模块直接整合到硬盘。

2）具有 8~16GB 较大容量的 SLC 闪存。

3）通常使用的闪存是 NAND 闪存。

4）内置 NAND 闪存容量不可见。

2. 光盘与光驱

光盘是计算机的常用外存之一，和光盘驱动器（简称光驱）配套使用，常见的 CD/DVD 光驱如图 7-15 所示。

图 7-15　常见的 CD/DVD 光驱

　　光盘按存储数据的格式分为两种，CD 格式（已近乎淘汰）和 DVD 格式；按功能也可分为两种，只读和可读/可写。光盘信息存储容量大，保存时间长。光驱是一个光学、机械及电子技术相结合的产品。光驱读取数据是由激光头完成的，它通过一个发光二极管，产生波长约为 0.54～0.68μm 的光束，经过处理后使光束更集中且可精确控制。光束首先打在光盘上，再由光盘反射回来，经过光检测器捕获信号。光盘上有两种状态，即凹点和空白，它们的反射信号相反，很容易被光检测器识别。光检测器所得到的信息只是光盘上凹点的排列方式，驱动器中有专门部件对其转换并进行校验，然后得到实际数据。光盘在光驱中高速转动，激光头在电动机的带动下前后移动读取数据。

　　光驱经常会出现不能读盘的现象，这个问题一般是由激光头或光驱托盘的异物导致的。激光头是光驱中比较重要的部件，数据的读取和写入全部要经过激光头。激光头所发出的光线的强弱直接影响数据的读取能力。影响光线强弱的原因一般有三个：①灰尘，由于激光头直接跟空气接触，上面会有灰尘，对应的解决办法是用镜头纸把激光头上面的灰尘擦拭干净。②激光头老化，可以通过调整高速激光头的功率开关来增大功率。③异物，由于头发丝等异物从光驱托盘等部件进入光驱，使光驱中的齿轮不能正常运转，需要清除其中异物。

7.2.8　认识显卡插槽

　　显卡插槽是指独立显卡与主板连接所采用的接口。独立显卡接口决定着数据传输的最大带宽，也就是瞬间传输的最大数据量，决定着显示性能。不同的接口决定着主板能够使用的独立显卡类型，独立显卡接口必须与主板的独立显卡插槽相匹配。目前，各种 3D 游戏和软件规模的扩大使主板和独立显卡之间需要交换的数据量也增多，对独立显卡的性能要求越来越高。通常主板上都带有专门用于插独立显卡的插槽。

　　独立显卡接口标准随着计算机技术的发展也在不断地变化，由原来的 PCI 到 AGP，再到现在比较流行的 PCI-E。如前面图 7-4 主板结构的标注所示。

7.2.9　认识显卡和显示器

1．显卡

显卡是计算机的主要部件之一，也就是人们通常所说的图形加速卡。它的基本作用是控制计算机的图形输出，是联系主机和显示器的纽带。显卡工作原理就是在程序运行时根据 CPU 提供的指令和相关数据，将程序运行的过程和结果进行相应的处理，并转换成显示器能够接受的文字和图形显示信号传输给显示器显示出来。

显卡技术发展迅速，它与主板连接的接口类型有 PCI、AGP 及 PCI-E；它与显示器连接的接口类型有 EGA、VGA、DVI 及 HDMI。显卡上的显示芯片也在不断地更新换代，显示芯片性能的高低决定了显卡性能的高低。显示芯片主要由 AMD 和 NVIDIA 两个厂家生产，高端游戏级独立显卡如图 7-16 所示。

图 7-16　高端游戏级独立显卡

显卡的主要性能参数有：分辨率、色深、刷新频率及显存。

（1）分辨率。

分辨率（Resolution）表示屏幕每一个方向上的像素数量。如 1024 像素×768 像素，表示屏幕上水平方向有 1024 个像素点，垂直方向有 768 个像素点。分辨率越大，包含的数据越多，图形文件的容量就越大，就越能表现丰富的细节。

（2）色深。

色深（Color Depth）表示像素点中颜色的种数，一般用"种色"和"位色"来度量色深大小，如 32 位色表示有 $2^{32}=4294967296$ 种色。色深越大，颜色种数越多，颜色就越丰富。

（3）刷新频率。

刷新频率（Vertical Refresh Rate）表示显示器每秒能对整个屏幕画面重复更新的次数。刷新频率越高，屏幕闪烁的现象就越不明显，一般刷新频率在 75Hz 以上时才没有明显的闪烁现象。

（4）显存。

显存主要用来暂时存储显卡芯片处理完的数据，并通过显卡的数模转换器（RAM DAC）转化成模拟数据传输给对应的模拟显示器或直接通过数字 DVI 接口、HDMI 接口传输给数字显示器。如果显卡的分辨率越高、色深越大、刷新频率越高，那么单位时间内显存所要读取的数据量也就越大。例如，在分辨率为 1024 像素×768 像素、色深为 32 位、刷新频率为 85Hz 的情况下，1s 内显存所要存储的数据量为（1024×768×32×85/1024/1024/8）MB=255MB。

2. 显示器

显示器是计算机的主要输出设备之一。根据工作原理的不同，分为显像管显示器（CRT）、液晶显示器（LCD）、等离子显示器（PDP），其中显像管显示器基本被淘汰、等离子显示器目前也不是主流显示器，目前被广泛使用的是液晶显示器，下面就以液晶显示器为例来介绍显示器。

（1）液晶显示器的工作原理。

液晶显示器的工作原理是利用液晶的物理特性，在通电时，液晶排列变得有秩序，从而使光线容易通过；不通电时，液晶排列则变得混乱，阻止光线通过，液晶显示器原理图如图 7-17 所示。液晶显示器具有体积小、重量轻、省电、辐射低和易于携带等优点。

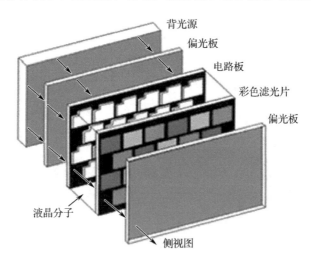

图 7-17　液晶显示器原理图

液晶显示器根据其技术特点可分为扭曲向列型液晶显示器（简称 TN 型液晶显示器）、薄膜晶体管液晶显示器（简称 TFT 型液晶显示器）、高分子散布型液晶显示器（简称 PDLC 型液晶显示器），它们的工作原理相似。

（2）液晶显示器的规格参数。

1）液晶屏幕尺寸。

液晶屏幕尺寸指屏幕对角线长度，通常以英寸（1 英寸=2.54cm）作为单位，现在主流的液晶屏幕尺寸有 17 英寸、19 英寸、21 英寸、22 英寸、24 英寸及 27 英寸等。常用的液晶屏幕又分为标屏（窄屏）与宽屏，标屏长宽比为 4∶3（还有少量比例为 5∶4），宽屏长宽比为 16∶10 或 16∶9。

2）常见品牌：三星 SAMSUNG、LG、飞利浦 PHILIPS、友达 AUO、奇美 CMO、京东方 BOE。

（3）LCD 背光类型。

目前市场上主流的液晶显示器背光技术包括 LED（发光二极管）和 CCFL（冷阴极荧光灯）两类，如图 7-18 所示。

1）LCD 的优点：轻薄、节能、寿命长、亮度高、材料环保。

2）LCD 的分辨率。

分辨率（屏幕分辨率）是指屏幕图像的精密度，可以显示的像素越多，画面就越精细，并且规定：1280 像素×720 像素以下为"标清"或"高清"，1920 像素×1080 像素为"全高清"或"超清"，3840 像素×2160 像素为"极清"。"极清"的分辨率接近生活中常见到的"4K 分辨率"，即 4096 像素×2160 像素。

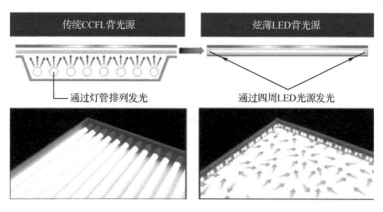

传统CCFL背光源　　　　　　　炫薄LED背光源

通过灯管排列发光　　　　　　通过四周LED光源发光

图 7-18　液晶显示器背光技术

7.2.10　认识网卡

网卡即网络接口卡（Network Interface Card，NIC），是计算机与网络设备进行信息交换的部件。它具有向网络发送数据、控制数据、接收并转换数据的功能。网卡根据传输介质的不同，分别与相应的接口匹配。例如 RJ-45 接口连接双绞线、BNC 接口连接同轴细缆、AUI 接口连接同轴粗缆，其中 RJ-45 接口、无线网卡是常用的接口，RJ-45 接口如图 7-19 所示。

网卡的主要功能是处理计算机通过网卡收发的数据，将数据分解为适当大小的数据包之后向网络上发送出去，接收的数据包处理后传给计算机。对于网卡而言，每块网卡都有一个唯一的网络节点地址，它是网卡生产厂家在生产时写入 ROM 中的，通常它叫作 MAC 地址（物理地址）。

在不方便布线的环境中，可使用无线网卡，无线网卡有内置的无线模块网卡和外置的板卡式无线网卡。如图 7-20 所示为外置板卡式无线网卡。

Mini PCI

Mini PCI-E

NGFF M2接口无线网卡

图 7-19　RJ-45 接口　　　　　　　　图 7-20　外置板卡式无线网卡

7.2.11　认识声卡、音箱和耳麦

1. 声卡

声卡是多媒体计算机的主要部件之一，其基本功能是声音回放和声音录制。如图 7-21 所

示为常见的独立声卡。

图 7-21　常见的独立声卡

（1）声卡回放声音的工作过程。

通过 PCI 总线或声卡的其他数字输入接口将数字化的声音信号传送给声卡，通过 I/O 控制芯片和 DSP 接收数字信号，对其进行处理，然后传送给 Codec 芯片。Codec 芯片将数字信号转换成模拟信号，然后输出到功率放大器或者直接从输出端口输出到音箱。

（2）声卡录制声音的工作过程。

声音通过传声器输入接口 Mic In 或音频线缆输入接口 Line In 将模拟信号输入到 Codec 芯片，Codec 芯片将模拟信号转换成数字信号，然后传送到 DSP。数字信号被 DSP 处理后，经 I/O 控制芯片和总线输入到计算机。

2. 音箱

又称为"主动式音箱"。通常是指带有功率放大器的音箱，如监听音箱、多媒体音箱、有源超低音箱，以及一些新型的家庭影院有源音箱等。有源音箱由于内置了功放电路，使用者不必考虑与放大器匹配的问题，同时也便于用较低电平的音频信号直接驱动。常见的有源音箱如图 7-22 所示。

图 7-22　常见的有源音箱

音箱是音频设备的重要组成部分，音箱由以下几个部分组成。

（1）箱体。

一般采用木材或塑料制成。木制音箱与塑料音箱相比，有更好的抗谐振性能，声音输出效果更好。

（2）扬声器。

一般分为高音扬声器、中音扬声器和低音扬声器。

（3）电源。

电源的作用是将市电转变为低压直流电，供音箱使用。

（4）信号放大器。

信号放大器又称为功放。其主要作用是控制音量大小，包括提升高音、降低低音和衰减控制等。

3. 无线蓝牙音箱与蓝牙耳麦

蓝牙音箱指的是内置蓝牙芯片，以蓝牙连接取代传统线材连接的音响设备，通过蓝牙方式与手机平板电脑和笔记本电脑等蓝牙播放设备连接，达到方便快捷使用音箱的目的。如图7-23所示为常见的蓝牙音箱与蓝牙耳麦。

图7-23　常见的蓝牙音箱与蓝牙耳麦

目前蓝牙音箱以便携音箱为主，外形一般较为小巧便携，常见蓝牙音箱多为单声道音箱（单扬声单元），目前也出现了一些音质优异的多声道音箱（两个或两个以上扬声单元）。

蓝牙耳机就是将蓝牙技术应用在免持耳机上，让使用者可以摆脱线缆的牵绊，自在地以各种方式轻松通话。自从蓝牙耳机问世以来，其一直是商务族提升效率的好工具。

7.2.12　认识键盘和鼠标

键盘和鼠标是计算机的重要输入设备，是使用计算机必不可少的工具，在使用过程中两者相互配合、协调工作。它们的接口为PS/2接口（键盘和鼠标不能互换）、USB接口或无线红外蓝牙接口，而PS/2接口和USB接口这两种接口可以通过转换头互换，PS/2、USB接口转换头如图7-24所示。

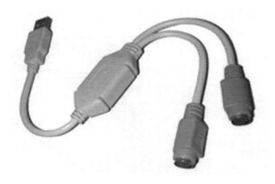

图7-24　PS/2、USB接口转换头

1. 键盘

键盘主要由三部分组成：外壳、按钮、电路板。键盘外观如图7-25所示。

图 7-25　键盘外观

键盘在选购时要注意按键的数目、键盘的类型、接口的类型及做工和手感几个方面。键盘故障一般发生在接口连线与控制电路板的接口处及键盘按键等位置，故障产生的主要原因是用力过度使电路板接口处边线断开或按键橡胶帽失去弹性。

2. 鼠标

鼠标的种类较多，光电鼠标、无线鼠标如图 7-26 所示。

图 7-26　光电鼠标、无线鼠标

7.2.13　认识电源接口

电源有 AT 电源、ATX 电源及新式的 20PIN 接口电源等。AT 电源基本上已被淘汰。ATX 电源随着计算机技术的发展，由原来的 20 芯电源发展为 24 芯电源，芯数越多，提供的电源组数也越多，也就越能满足用户的需求。目前新式的 20PIN 及 20PIN+4PIN 等接口电源是主流电源。24PIN 电源接口如图 7-27 所示。

图 7-27　24PIN 电源接口

7.2.14　认识机箱和电源

机箱和电源分别是计算机主机的外衣和动力源泉。机箱除对各个硬件起固定作用外，其防辐射能力、防静电能力、散热能力也为计算机提供一个良好的工作环境。随着计算机组件耗电及发热量的剧增，人们也渐渐开始关注机箱和电源的问题。

1. 机箱

机箱按外形分类有立式机箱和卧式机箱两种。按结构分类可分为 AT、ATX、MicroATX、NLT 等类型，目前市场上主要以 ATX 机箱为主，机箱外观如图 7-28 所示。人们可从机械强度、油漆均匀度、外观设计、生产工艺、散热性能等几方面判断机箱的好坏。

图 7-28　机箱外观

2. 电源

电源是计算机运行的动力来源，其质量的好坏直接决定了计算机的其他配件能否可靠地运行和工作。如果电源出现故障，可能程序莫名其妙地出错、计算机无故重启或死机、硬盘无法识别，甚至有坏道等状况发生。

电源的作用是把 220V 的市电经过滤波、整流之后变成 300V 直流脉冲电压，再经高频变压器降压、整流、滤波，输出 12V、5V 的直流电压，然后通过各个电源插头传输给计算机各部件使用。现在计算机主要使用 ATX 电源，ATX 电源外部结构如图 7-29 所示。

图 7-29　ATX 电源外部结构

可根据以下几方面判断电源的好坏：电源是否有认证标志；能否确保电源输出稳定；产品品牌是否有较好的市场信誉；产品是否有过载电压保护功能；电源中的风扇转动是否良好；电源输出功率是否足够大。

7.2.15　认识 I/O 接口

I/O 接口的功能是实现外部设备与系统总线的连接。常见 I/O 接口有：PS/2 接口（接鼠标/键盘）、USB2.0/ USB3.0 接口、并口、串口、音频接口、网络接口、HDMI 接口、DP 接口等。可以根据用户的需要分别连接与接口相应的外部设备。常见的 I/O 接口如图 7-30 所示。

图 7-30　常见的 I/O 接口

7.2.16　认识 I/O 扩展槽

I/O 扩展槽即 I/O 信号传输的路径，是系统总线的延伸，可以插入任意的标准选件，如显卡、解压卡、Modem 卡和声卡等。通过 I/O 扩展槽，CPU 可对连接到该通道的所有 I/O 接口芯片和控制卡寻址访问，进行读写。根据总线的类型不同，主板上的扩展槽可分为 PCI-E X1（用来扩展新式声卡、网卡及转接卡）、PCI-E X16（显卡插口）、PCI 插槽（用来扩展传统声卡、网卡及转接卡）、SATA 插槽（用于连接具有 SATA 接口的硬件）等几种类型（见图 7-4）。

7.2.17　认识控制芯片组

主板能提供一系列接口，供处理器、显卡、声卡、硬盘、存储器及外围设备等进行连接。它们通常通过插槽或线路进行连接。主板上最重要的组件是芯片组（Chipset）。

图 7-31　主板控制芯片

芯片组为主板提供一个通用平台供不同设备连接，协调控制不同设备正常工作。芯片组也为主板提供额外功能支持，如集成核心显卡（也称内置核心显卡）、集成声效卡（内置声卡）。控制芯片主要有 Intel、NVIDIA、VIA、SIS、ATI、ULI、ALI、AMD 等系列，各个系列有不同的功能和性能指标。主板控制芯片如图 7-31 所示。

传统的主板芯片组中，北桥芯片主要负责内存控制器、GPU 图形核心等，南桥芯片则负责系统 I/O。其中，Intel 平台的南桥芯片是 ICH 系列，AMD 平台的南桥芯片是 SB 系列。随着 Intel、AMD 处理器的集成度越来越高，慢慢地南桥芯片把整个北桥芯片的功能集成在一起，其中 Intel 的叫系统助手（System Agent），AMD 的则无明确说法。内存控制器、PCI-E 控制器之类的都集成在 CPU 内部，Intel 的所有主流产品、AMD APU 都集成了 GPU。这样一来，主板上只剩下南桥芯片，但是习惯上仍被人们称为芯片组。

Intel 是从 6 系列开始集成的,命名也有所变化,其中主打芯片从 P 系列变为 Z 系列,再加上 H、B、Q 系列,以及发烧级的 X 系列,一直延续到今天。AMD CPU 在"推土机时代"还是有南、北桥之分的,比如 990FX＋SB950 的组合;不过到了 Ryzen 锐龙时代,主板上就只有南桥芯片了,X370、B350 都是如此。

AMD APU 则发展得更快,单颗芯片集成原来 CPU、北桥、南桥的所有功能,主板上就没有任何芯片组了,只是个载体。AMD EPYC 骁龙服务器(和锐龙一样 Zen 架构)也没有芯片组,不过到发烧级 Ryzen ThreadRipper,仍然搭配了一个芯片组 X399。

至于为何不把南桥功能全部集成在处理器内部,主要是因为一些低功耗平台功能相对简单,更容易集成和控制,但是高端平台比较复杂,南桥负责的 I/O 输出保持独立,更有利于整体布局,所以就留了下来。常见的主板芯片组如图 7-32 所示。

图 7-32 常见的主板芯片组

芯片组支持扩展槽,例如 PCI、ISA、AGP、SATA 和 PCI Express 等。同时一些主板集成红外通信技术、蓝牙技术和 802.11 标准局域网无线技术(Wi-Fi)等功能。

芯片组对应用的影响:决定了对 CPU、内存、硬盘等的支持;决定了对 USB 等 I/O 的支持,如支持什么样的 USB 标准,支持多少个 USB 接口等。近年来芯片组正向 One Chip(单芯片)的方向转变。

7.2.18 认识 BIOS 芯片组

BIOS 芯片组是一组存储芯片,主要存储了计算机的管理程序和硬件的性能参数值,通过管理程序进行设置可以优化计算机硬件的性能。BIOS 芯片组存储了计算机的自检、自举、中断、管理等重要程序,通过这些程序能够维持计算机的正常启动。BIOS 芯片组是联系计算机硬件和软件的桥梁,是主板比较重要的部件,如果 BIOS 芯片组不能正常工作,计算机也就不能正常运行。计算机感染 CIH 病毒其实就是 CIH 病毒破坏了主板上 BIOS 芯片组里面的程序,从而使主板不能正常工作。

打开计算机的电源开关,就自动进入自检程序。如果计算机各个硬件正常,并把检测到的各个参数存储在 BIOS 芯片组中,就进入自举程序。自举程序根据 BIOS 芯片组中的设置寻找系统引导文件，把相应的系统模块数据从外存调入内存，在 CPU 的控制下启动系统。如果计算机硬件不正常，就会出现计算机黑屏现象或者出现相应的错误信息提示。如果出现异常现象，就会发生启动过程中断。如在启动过程中按"Reset"键，就会中止当前的过程并重新开始启动计算机。

7.2.19　认识 UEFI 接口

统一可扩展固件接口（Unified Extensible Firmware Interface，UEFI），是一种详细描述接口类型的标准。这种接口用于操作系统自动从预启动的操作环境加载到一种操作系统上。

可扩展固件接口（Extensible Firmware Interface，EFI）是 Intel 为 PC 固件的体系结构、接口和服务提出的建议标准。其主要目的是提供一组在操作系统加载之前（启动前）在所有平台上一致的、正确指定的启动服务，被看作是有 20 多年历史的 BIOS 的继任者。UEFI 是以 EFI1.10 为基础发展起来的，它的所有者已不再是 Intel，而是一个称作 Unified EFI Form 的国际组织。

因为硬件发展迅速，传统的 BIOS 成为进步的"包袱"，现在已发展出最新的 UEFI（Unified Extensible Firmware Interface）可扩展固件接口，相较于传统 BIOS 而言，未来将是一个"没有特定 BIOS"的计算机时代。

与传统 BIOS 相比，UEFI 最大的特点在于：

（1）编码 99%由 C 语言完成；

（2）改变了中断、硬件端口操作的方法，采用了 Driver/Protocol 的新方式；

（3）不支持 X86 实模式，直接采用 Flat Mode（也就是不能用 DOS 了，现在有些 EFI 或 UEFI 能用 DOS 是因为做了兼容设计，但实际上这部分不属于 UEFI 定义的范围了）；

（4）输出也不再是单纯的二进制码，改为 Removable Binary Drivers；

（5）操作系统启动不再调用 Int19，而是直接利用 Protocol/Device Path；

（6）对于第三方开发，传统 BIOS 基本上做不到，除非第三方参与 BIOS 的设计，但是还要受到 ROM 大小的限制，而 UEFI 就便利多了；

（7）改善 BIOS 对新硬件支持不足的问题。

7.2.20　认识 CLEAR CMOS 跳线

CLEAR CMOS 跳线是复位 CMOS 的一个控制开关，不同的主板设计的位置不同，具体位置可以参照主板说明书。

如果计算机出现黑屏或其他异常状态，CMOS 参数设置错乱是原因之一。可以采用 CMOS 跳线来排除此故障：1、2 针相连，表示正常模式；2、3 针相连，将 CMOS 中所设置的内容恢复到出厂状态。CMOS 跳线的具体操作是：把 1、2 针上的跳线帽取下，接到 2、3 针上 5～10s，然后取下插回 1、2 针即可。

注意：CMOS 跳线操作要在计算机断电的状态下进行。

7.2.21　认识摄像头

计算机摄像头兴起于 2006 年，通常摄像头用的镜头构造有：1P、2P、1G1P、1G2P、2G2P 及 4G 等。透镜越多，成本越高；玻璃透镜比塑胶透镜贵；一般品质好的摄像头应该采用玻璃镜头，成像效果比塑胶镜头好。计算机摄像头应用于网络视频通话、高清拍照等，由于诞生初期技术不够成熟，外观造型粗糙，像素多以 30 万像素为主，随着技术的发展，计算机摄像头更新换代速度很快，目前主要分低端、中端和高端三个档次。如图 7-33 所示为常见的计算机摄像头。

低端摄像头一般是 2688/320+0307+3P，其中 2688 和 320 为主控板型号，0307 为感光芯片型号，3P 即是镜头，他们共同决定了计算机摄像头的效果（包括清晰度、视角、感光快慢、特效等）。

中端摄像头是目前最大众化的摄像头，价格居中，摄像效果相对清晰，能够满足大部分人的需要。中端摄像头一般是 318+7670+3P。

图 7-33 常见的计算机摄像头

高端摄像头效果和各方面质量都优于前两者，比如 318+7725+全波镜头。全波镜头相较于 3P 镜头是一种清晰度相当高的镜头，一般是 1000～1200 万像素。

7.3 BIOS 和 CMOS 的概念

（该知识点支撑第 4 章 BIOS 设置及应用）

7.3.1 BIOS 的概念

BIOS 是英文 Basic Input/Output System 的缩写，中文名称就是基本输入输出系统。它是一组固化到计算机内主板上的一个 ROM 芯片程序，它保存着计算机最重要的基本输入输出程序、开机后自检程序和系统自启动程序，其主要功能是为计算机提供最底层的、最直接的硬件设置和控制。

BIOS 设置程序是储存在 BIOS 芯片中的，BIOS 芯片是主板上一块长方形或正方形的芯片（见图 7-34），只有在开机时才可以进行设置。

图 7-34 BIOS 芯片

BIOS 的主要作用有以下几个方面：

（1）自检及初始化程序。

计算机电源接通后，系统将有一个对内部各个设备进行检查的过程，这是由一个通常被称为加电自检（Power On Self Test，POST）的程序来完成的，这也是 BIOS 程序的一个功能。完整的自检过程包括了对 CPU、640KB 常规内存、1MB 以上的扩展内存、ROM、主板、CMOS 存储器、串并口、显卡、软硬盘子系统及键盘的测试。在自检过程中若发现问题，系统将给出提示信息或声音警告。如果没有任何问题，完成自检后 BIOS 将按照系统 CMOS 中设置的启动顺序搜寻软、硬盘驱动器及 CD-ROM、网络服务器等有效的启动驱动器，读入操作系统引导记录，然后将系统控制权交给引导记录，由引导记录完成系统的启动。

（2）硬件中断处理。

计算机开机的时候，BIOS 会告知 CPU 各种硬件设备的中断类型号，当操作时输入了使用某个硬件的命令后，CPU 就会根据中断类型号使用相应的硬件来执行命令，最后根据其中断类型号跳回原来的状态。

（3）程序服务请求。

从 BIOS 的定义可以知道其和计算机的输入输出设备密切相关，它通过最特定的数据端口发出指令，发送或接收各类外部设备的数据，从而实现软件应用程序对硬件的操作。

7.3.2　CMOS 的概念

CMOS 是 Complementary Metal Oxide Semiconductor（互补金属氧化物半导体）的缩写。它是指制造大规模集成电路芯片用的一种技术或用这种技术制造出来的芯片，是计算机主板上的一块可读写的 RAM 芯片。因为可读写的特性，其用来在计算机主板上保存 BIOS 设置的硬件参数数据，即这个芯片仅仅是用来存放数据的。

有时人们会把 CMOS 和 BIOS 混称，其实 CMOS 是主板上的一块可读写的 RAM 芯片，是用来保存 BIOS 的硬件配置数据和用户对某些参数设定后的数据。CMOS 可由主板的电池供电，即使系统掉电，信息也不会丢失。CMOS RAM 本身只是一块存储器，只有数据保存功能。

在我们要将主板设置恢复到出厂设置或计算机密码开机忘记的时候，我们可以通过对 CMOS 清除记忆恢复到出厂设置来解决忘记密码的问题。下面就介绍两种最常见的清除 CMOS 的方法：

1. 使用 CMOS 放电跳线

现在绝大多数的主板都设计有 CMOS 放电跳线，一般为三针插针，位置在主板 CMOS 电池插座附近，并且在主板上会附带电池放电说明。默认状态下，跳线帽插在 “1”和“2”插针上，放电说明上标识为“Normal”，即正常的使用状态。若要放电，首先用镊子或其他工具将跳线帽从“1”和“2”插针上拔出，然后再插到 “2”和“3”插针上；放电说明上标识为“Clear CMOS”，即清除 CMOS；在跳线帽插到插针上后，会即刻清除用户在 BIOS 内的各种手动设置，恢复到主板出厂时的默认设置。

CMOS 放电后，还需再将跳线帽插回到原来的“1”和“2”插针上。如果没有将跳线帽恢复到“Normal”状态，则无法启动计算机并伴有报警声提示。

CMOS 放电跳线和电池插座如图 7-35 所示。

图 7-35　CMOS 放电跳线和电池插座

2. 取出 CMOS 电池放电

要对 CMOS 电池进行放电，但在主板上却找不到 CMOS 放电跳线时，可以取出主板上的扣式电池，用导电金属物把电池插座的正负两极接通，短接几秒就可以清除 CMOS，然后再把电池安装回电池插座即可。

7.4　硬盘分区、分区类型及格式

（该知识点支撑第 5 章磁盘分区与格式化）

7.4.1　硬盘分区

计算机中存放信息的主要设备是硬盘，但是刚出厂的硬盘是无法被直接使用的，必须对硬盘进行划分，划分成若干个区域的操作就是硬盘分区。硬盘分区实质上是对硬盘的一种格式化，然后才能使用硬盘保存各种信息。创建分区时，就已经设置好了硬盘的各项物理参数，指定了硬盘主引导记录（Master Boot Record，一般简称为 MBR）和引导记录备份的存放位置。而对于文件系统及其他操作系统管理硬盘所需要的信息则是通过之后的高级格式化，即 Format 命令来实现的。其实完全可以只创建一个分区使用全部或部分的硬盘空间，但不论划分了多少个分区，也不论使用的是 SCSI 硬盘还是 IDE 硬盘，必须把硬盘的主分区设定为活动分区，才能够通过硬盘启动系统。硬盘分区是使用分区编辑器（Partition Editor）在硬盘上划分几个逻辑部分，硬盘一旦划分成数个分区，则不同类的目录与文件可以存储进不同的分区。分区越多，也就有越多不同的地方，就可以将文件的性质区分得更细，以便更细致地管理文件，但太多分区就成了麻烦。

7.4.2　分区类型

硬盘分区有三种类型，分别是主分区、扩展分区和逻辑分区。

1. 主分区

主分区也叫引导分区，Windows 操作系统一般需要安装在这个主分区中，这样才能保证开机自动进入系统。简单来说，主分区就是可以引导计算机开机读取文件的一个硬盘分区。一块硬盘，最多可以同时创建 4 个主分区，创建四个主分区后，就无法再创建扩展分区和逻辑分区了。此外，主分区是独立的，对应硬盘上的第一个分区，目前绝大多数计算机，在分区的时候，都是将 C 盘划为主分区的。

2. 扩展分区

扩展分区是一个概念，实际在硬盘中是看不到的，也无法直接使用扩展分区。除主分区外，剩余的磁盘空间就是扩展分区。当一块硬盘将所有容量都分给了主分区，那就没有扩展分区了。仅当主分区容量小于硬盘容量时，剩下的空间才属于扩展分区，扩展分区可以继续进行扩展切割分为多个逻辑分区。

3. 逻辑分区

在扩展分区上，可以创建多个逻辑分区。逻辑分区相当于一块存储介质，与操作系统和其他逻辑分区、主分区没有关系，是"独立的"。

在早期的硬盘分区中并没有主分区、扩展分区和逻辑分区的概念，每个分区的类型都是现在所谓的主分区。由于每个分区的参数存储容量为 16B，而硬盘用于保存分区表的存储空间仅有 64B，因此主引导分区中只能存储 4 个分区的数据。也就是说一块硬盘只能划分为 4 个主分区。但随着硬盘容量的不断提升，4 个主分区已不能满足数据存储的需要了。为了有效地解决这个问题，DOS 环境下的分区命令"Fdisk"允许用户创建一个扩展分区，并且在扩展分区内再建立最多 23 个逻辑分区，其中每个分区都可以单独分配一个盘符，可以被计算机作为独立的物理设备使用。关于逻辑分区的信息都被保存在扩展分区内，而主分区和扩展分区的信息被保存在硬盘的 MBR 内。即无论硬盘有多少个分区，其主引导记录中只包含主分区（也就是启动分区）和扩展分区最多 4 个分区的信息。

（1）MBR。

MBR 又称为主引导扇区，是计算机开机后访问硬盘时所必须要读取的首个扇区，它在硬盘上的三维地址为（柱面，磁头，扇区）=（0，0，1）。

MBR 是由分区程序（如"Fdisk"命令）所产生的，它不依赖任何操作系统，而且硬盘引导程序也是可以改变的，从而能够实现多系统引导。

从主引导记录的结构可以知道，MBR 仅仅包含一个 64B 的硬盘分区表。由于每个分区信息需要 16B 空间记录，所以对于采用 MBR 型分区结构的硬盘（其磁盘卷标类型为MS-DOS），最多只能识别 4 个主要分区。即对于一个采用此种分区结构的硬盘来说，想要得到 4 个以上的主分区是不可能的。这里就需要引出扩展分区的概念了。扩展分区也是主分区（Primary Partition）的一种，但它与主分区的不同在于理论上可以划分为无数个逻辑分区，每一个逻辑分区都有一个和 MBR 结构类似的扩展引导记录（EBR）。在 MBR 分区表中最多 4 个主分区或 3 个主分区＋1 个扩展分区，也就是说扩展分区只能有一个，然后可以再细分为多个逻辑分区。

在 Linux 操作系统中，硬盘分区命名为 sda1～sda4 或 hda1～hda4（其中 a 表示硬盘编号，也可能是 b、c 等）。在 MBR 硬盘中，分区号 1～4 表示主分区（或者扩展分区），逻辑分区号只能从 5 开始。

在 MBR 分区表中，一个分区最大的容量为 2TB，且每个分区的起始柱面必须在硬盘的前2TB 内。你有一个 3TB 的硬盘，根据要求你至少要把它划分为 2 个分区，且最后一个分区的起始扇区要位于硬盘的前 2TB 空间内。如果硬盘太大则必须改用 GPT。

（2）GPT。

全局唯一标识分区表（GUID Partition Table，GPT）是一个实体硬盘的分区结构。它是 EFI（可扩展固件接口）标准的一部分，用来替代 BIOS 中的主引导记录分区表。但因为 MBR 分区表不支持容量大于 2.2TB（2.2×1012B）的分区，所以也有一些 BIOS 为了支持大容量硬盘而使用 GPT 分区表替代 MBR 分区表。

在 MBR 硬盘中，分区信息直接存储于主引导扇区（MBR）中（主引导扇区中还存储着系统的引导程序）。但在 GPT 硬盘中，分区表的位置信息储存在 GPT 头中。但出于兼容性的考虑，硬盘的第一个扇区仍然用作 MBR，之后才是 GPT 头。

与支持最大卷为 2TB 并且每个磁盘最多有 4 个主分区（或 3 个主分区，1 个扩展分区和无限制的逻辑驱动器）的 MBR 硬盘分区的样式相比，GPT 硬盘分区样式支持最大卷为 18 EB（1EB=1048576TB）并且每个磁盘的分区数没有上限，只受到操作系统限制（由于分区表本身需要占用一定空间，最初规划硬盘分区时，留给分区表的空间决定了最多可以有多少个分区，IA-64 版的 Windows 操作系统限制最多有 128 个分区，这也是 EFI 标准规定的分区表的最小尺寸）。与 MBR 分区不同，至关重要的平台操作数据位于分区，而不是位于非分区或隐藏扇区。另外，GPT 分区通过备份分区表来提高分区数据结构的完整性。

7.4.3 分区格式

文件系统是一种存储和组织计算机数据的软件模块，它使得对其访问和查找变得容易。文件系统使用文件和树形目录的抽象逻辑概念代替了硬盘和光盘等物理设备使用数据块的概念，用户使用文件系统来保存数据而不必关心数据实际保存在硬盘（或者光盘）的哪一个数据块上，只需要记住这个文件的所属目录和文件名即可。在写入新数据之前，用户不必关心硬盘上的哪个块地址没有被使用，硬盘上的存储空间管理（分配和释放）功能由文件系统自动完成，用户只需要记住数据被写入到了哪个文件中。

硬盘分区后还要进行格式化，之后操作系统才能够使用这个分区。这是因为每种操作系统所设置的文件属性权限不同，为了存放这些数据所需要的数据，就要对分区进行格式化，以成为操作系统能够利用的文件系统格式。常见的文件系统格式有：FAT（FAT16）、FAT32、NTFS、Ext2、Ext3 等。

1. FAT16

FAT16 是 DOS 和最早期的 Windows 95 中最常见的磁盘分区格式。它采用 16bit 的文件分配表，能支持最大为 2GB 的分区，是目前应用最为广泛和获得操作系统支持最多的一种磁盘分区格式，几乎所有的操作系统都支持这一种格式，如 DOS、Windows 95、Windows 97、Windows 98、Windows NT、Windows 2000、Linux 都支持这种分区格式。但是 FAT16 分区格式有一个最大的缺点：磁盘利用效率低。因为在 DOS 和 Windows 操作系统中，磁盘文件的分配是以簇为单位的，一个簇只分配给一个文件使用，无论这个文件占用整个簇容量的多少。这样，即使一个文件很小的话，它也要占用一个簇，剩余的空间便全部闲置了，造成了磁盘空间的浪费。由于分区表容量的限制，FAT16 支持的分区越大，磁盘上每个簇的容量也越大，造成的浪费也越大。所以为了解决这个问题，微软公司在 Windows 97 中推出了一种全新的磁盘分区格式FAT32。

2. FAT32

FAT32 采用 32bit 的文件分配表，使其对磁盘的管理能力大大提高，突破了 FAT16 每一个分区的容量只有 2GB 的限制。FAT32 具有一个最大的优点：在一个不超过 8GB 的分区中，FAT32 分区格式的每个簇容量都固定为 4KB，即与 FAT16 相比，可以大大地减少对磁盘空间的浪费，提高磁盘利用率。支持这一磁盘分区格式的操作系统有 Windows 97、Windows 98 和 Windows 2000。但是，这种分区格式也有它的缺点：采用 FAT32 格式分区的磁盘，由于文件分配表的扩大，运行速度比采用 FAT16 格式分区的磁盘要慢。另外，由于 DOS 系统不支持这种分区格式，所以采用这种分区格式后，就无法再使用 DOS 系统了。此外，FAT16 及 FAT32 格式不支持 4GB 及以上的文件。

3. NTFS

NTFS 的优点是安全性和稳定性极其出色，在使用中不易产生文件碎片。它能对用户的操作进行记录，通过对用户权限进行非常严格的限制，使每个用户只能按照系统赋予的权限进行操作，充分保护系统与数据的安全。这种格式只有采用了 NT 核心的纯 32bit Windows 操作系统才能识别，如：Windows NT、Windows 2000、Windows XP、Windows Vista、Windows 7/8/10 等，而 DOS 及 16bit、32bit 混编的 Windows 95 和 Windows 98 是不能识别的。

4. Ext2、Ext3

Ext2、Ext3 是 Linux 操作系统适用的磁盘格式。在 Ext2 文件系统中，文件由 Inode（包含文件的所有信息）进行唯一标识。一个文件可能对应多个文件名，只有在所有文件名都被删除后，该文件才会被删除。此外，同一文件在磁盘中存放和被打开时所对应的 Inode 是不同的，并由内核负责同步。Ext3 文件系统是直接从 Ext2 文件系统发展而来的，目前 Ext3 文件系统已经非常稳定可靠，完全兼容 Ext2 文件系统，且其具有高可用性、数据完整性高、文件系统读写速度提升、多种日志模式等特点。

7.5 计算机部件选购

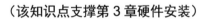

（该知识点支撑第 3 章硬件安装）

7.5.1 选购显示器

显示器是最直接的人机交互界面之一，用户经常和显示器接触。目前市场上主流的显示器有发光二极管（Light Emitting Diode，LED）液晶显示器、有机发光二极管（Organic Light Emitting Diode，OLED）液晶显示器。如今液晶显示器技术已经十分成熟，能满足用户进行专业制图的需求，传统的 CRT 显示器正逐步淡出市场。选购显示器要进行以下两个方面的考虑。

1. 显示器是否通过认证

通过 TCO2003 认证的显示器辐射低，对人体健康的影响也较小。目前市场上有部分带负离子功能的显示器，负离子有利于人体的健康，价格较一般显示器高，经济条件允许的用户可以考虑购买。

2. 是否为品牌显示器

市场上主要的显示器厂商有三星、飞利浦、优派、AOC、LG、ACER、BENQ 等。它们的产品各有特色，价格各有高低，但品质都是有一定保障的。其中 AOC 提供三年售后服务，其余的厂家一般都提供一年售后服务。表 7-1 为目前常见品牌显示器性价比参数，供大家参考。

表 7-1　常见品牌显示器性价比参数

品 牌 型 号	戴尔 SE2416HM	AOC C2408VW8	飞利浦 237E7EDSW	三星 S24E360HL
尺寸/英寸	23.8	23.6	23	23.6
分辨率/像素	1920×1080	1920×1080	1920×1080	1920×1080
对比度	典型对比度 1000∶1	动态对比度 $2×10^7∶1$	动态对比度 $2×10^7∶1$	典型对比度 $2×10^7∶1$
参考价格/元	849	919	899	849
查证日期	2018.7.18	2018.7.18	2018.7.18	2018.7.18

注：1 英寸=2.54cm。

7.5.2　选购 CPU

目前 CPU 市场有 Intel 和 AMD 两个主流品牌。用户在选购 CPU 的时候首先要看它的主频，主频是反映 CPU 性能的指标之一。在核心数据相同的情况下，同一类的 CPU 主频越高，其运算速度越快。例如，主频为 2.93GHz 的 Intel 赛扬 D，其运算速度比主频为 2.66GHz 的 Intel 赛扬 D 的运算速度快。

除主频外还要看缓存大小。缓存读写速度很快，可以同 CPU 进行高速数据交换，它先于内存与 CPU 交换数据，内置的 L1 高速缓存的容量和结构对 CPU 的性能影响较大，高速缓存均由静态 RAM 组成，一般 L1 缓存的容量通常在 32～256KB，由于高速缓存结构复杂，在 CPU 管芯面积不能太大的情况下，L1 高速缓存的容量不可能太大。L2、L3 高速缓存的容量也会影响 CPU 的性能，高速缓存容量越大越好，一般 2MB 容量的 L2 高速缓存再加上 6～8MB 的 L3 高速缓存已经能够满足大部分家庭用户的要求。

1. AMD 处理器

AMD 处理器目前在兼容机市场上分为面向低端用户的 Sempron 处理器、面向主流用户的双核 Athlon64X2 系列处理器及面向高端用户的 Phenom 系列处理器。目前 AMD 低端主流处理器如 AMD AM2 Sempron 3200+和 3400+，价格已降到 300 元左右；中端主流处理器是双核 Athlon64X2 系列处理器 3800+、4000+和 5000+，价格大约在 400～1000 元之间；高端主流处理器是双核 Athlon64X2 系列处理器 5600+、6000+和 6400+，价格大约在 1000 元以上。

2. Intel 处理器

Intel 处理器分为面向低端用户的赛扬系列处理器、面向中端用户的奔腾系列处理器及面向高端用户的 Core 系列处理器。赛扬 G 处理器现在价格较低，目前散装的赛扬 G4900 不到 400 元；在中端市场主要是双核、四核、六核系列，价格在 500～1000 元之间，如 Intel 酷睿 I3 8100、Intel 酷睿 I3 8300 等；在高端市场主要是六核、八核、十核系列，价格在 1000～2000 元，如 Intel 酷睿 I5 8500、Intel 酷睿 I7 8700、Intel 酷睿 I9 7900X 等。在选购的时候用户可以根据需求定位和预算进行选择。

无论是 Intel 系列还是 AMD 系列，目前市场上都存在着散装和盒装两种类型的处理器产品。

盒装产品搭配一个原装风扇，由公司提供 3 年的质保服务，盒装的价格比散装的要贵一些。而散装产品同样是由 Intel 和 AMD 所生产的，相同型号的产品在品质上和盒装产品并没有什么区别，但它们不带风扇，需要用户自己购买，由商家根据自己的信誉提供一年的质保。随着计算机技术的发展，CPU 产品也不断发生变化，在选购时，要查询计算机产品的信息，可以参照一些报价比较准确的网站，如太平洋网、中关村网的报价信息。

7.5.3　选购主板

主板是计算机的重要部件之一，CPU、内存、显卡、硬盘等都需要通过它进行连接。主板的芯片组是决定主板性能的关键部件。生产主板芯片组的厂商较多，主要有 Intel、NVIDIA、VIA、ATI、SIS 等。目前主板芯片组的主要品牌有 Intel 和 AMD，其他如 NVIDA、VIA、ATI、SIS 等主板芯片组厂商正逐步淡出市场，下面以 Intel 主板芯片组和 AMD 主板芯片组为例进行介绍。

1. Intel 主板芯片组

Intel 公司是研究生产 CPU 的厂商，同时也生产主板芯片组。如果使用 Intel 的 CPU，应当首选 Intel 芯片组，因为其无论稳定性还是兼容性都是最好的。Intel 芯片组经历了由 Intel845/865/875 系列芯片组，到目前市场上主流的 G31、G41、P45、P55 等芯片组的发展过程，目前高端的 P67 和 Z68 芯片组已经面世，但由于其价格昂贵尚未普及。

2. AMD 主板芯片组

AMD 芯片组历史并不长，AMD 自身真正生产过的也只有 AMD 750 和 AMD 760 两款产品，而现在 AMD 的芯片组产品可以看成是 ATI 芯片组的一个延续。

AMD 芯片组之所以看起来复杂，主要在于其接口类型复杂。各厂商对 AMD 芯片组的命名规则是很简单的。以下是常见的主板系列命名。

（1）9 系列主板。

9 系列主板主要针对不带核显的 CPU 设计，一般分为 990FX、990X、980G 及 970。其中，第一个数字 9 代表 9 系列主板，第二个数字越大性能越强，第三个数字没有实际意义，后面字母 FX 代表最高端产品，X 代表中端产品，G 代表主板含集成显卡（ATI Radeon HD 4250 显卡）。相关主板一般配备 2 个以上的独立显卡插槽，兼容 AM3+和 AM3 处理器，如 AMD Athlon（速龙）II、AMD Phenom（羿龙）II、AMD FX（推土机）等，支持 PCI-E2.0 及 AMD 双显卡交互。

（2）A 系列主板。

A 代表支持 APU 的主板，一般分为 FM2+及 FM2 两个平台，用于支持 A10、A8、A6 及 A4 等处理器。

1）FM2+平台。

FM2+平台有如 A88X、A78 及 A58 系列的主板。其中，第一个数字越大，性能越高端，并且向下兼容 FM2 接口处理器。其中 A58 匹配 A6 及 A4 等低端处理器；A78 增加了 4 个原生 USB3.0 的接口，并支持超频，匹配 A8 和 A6 等中端处理器；A88X 是性能最全面、功能最强大的 FM2+主板，匹配 A10 和 A8 等高端处理器。

2）FM2 平台。

FM2 平台有如 A85X、A75 及 A55 系列的主板。其中，第一个数字越大，性能越高端。A75 相比于 A55 多了 SATA3 和原生 USB3.0 接口；A85X 在 A75 基础上，又增加了对 PCI-E3.0

的支持。不能插 FM2+接口的处理器。AMD 主板芯片组中没有 A65 系列，所谓 A65 是主板生产厂商创造出来的名字，如昂达 A65N。

（3）8 系列主板。

8 系列主板主要针对不带核显的 CPU 设计的，一般分为 890FX、890GX、880G 及 870，目前已退出主流主板市场。其中，FX 代表高端，GX 代表集成显卡增强版（集成图形核心 Radeon HD 4290），G 代表含集成显卡（搭载 Radeon HD 4250 图形显示核心），870 为低端产品。兼容 AM3 和 AM2+处理器，如 AMD Athlon、AMD Athlon II、AMD Phenom、AMD Phenom Ⅱ等。

3. 选购主板的基本原则

（1）用户可以从主板的外观上简单地判断该主板的质量如何。首先看印刷电路板（Printed Circuit Board，PCB）。做工优良的主板 PCB 层数可达 6 层或 8 层；其次看主板的整体布局，要求走线合理，各个接口的位置设计得当；最后从 CPU 供电部分、内存供电部分、显卡供电部分、扩展性能及芯片散热等细节上观察。

（2）主板的品牌也是选购主板的一个参考标准。目前按照主板的品质、市场口碑等综合因素可以将主板品牌分为三类：一线品牌有华硕、微星、技嘉、精英等；二线品牌有磐正、升技、丽台、富士康等；三线品牌有华擎、硕泰克、七彩虹、翔升、冠盟、昂达等。

（3）由于主板要和周边设备配合并运行各种操作系统及应用程序，所以主板的兼容性是非常重要的。主板所支持的周边设备（内存、硬盘、显卡、声卡、网卡等）越多，主板与周边设备组成的整机兼容性就会越高，这样主板的性能就会越优良。

7.5.4　选购内存

内存是用来存储计算机中正在执行的程序和数据的部件。目前市场上的内存主要有几大类：DDR2、DDR3 及 DDR4。DDR4 内存是在 DDR3 内存之后出现的，总体来说它的性能优于 DDR3 内存。随着时间的推移，尤其 AMD 发布了 AM2 处理器，DDR4 内存肯定会逐渐取代 DDR3 成为主流。目前，DDR2 内存正在逐渐退出历史舞台。

目前 DDR3 1600MHz、DDR3 2000MHz 是 DDR3 内存的主流产品。但是由于 DDR3 存在延迟等方面的原因，其优势在低频率的 DDR3 1066MHz 内存上并未得到发挥，而只有 DDR3 1600MHz 以上才会比 DDR2 800MHz 内存表现出明显的优势。目前市场上主流品牌的 DDR3 1600MHz 和 DDR3 2000MHz 内存的差价很小，用户最好直接购买 DDR3 2000MHz 内存。

在选购内存时要注意以下几个方面。

（1）内存的容量。目前市场上的内存容量多为 4GB（价格基本在 200 元以下），2GB 内存已经逐渐被淘汰。所以建议直接购买 4GB 内存或更大容量内存，如果条件允许的话可以购买 2 条内存构成双通道，这将使计算机的性能得到提升。

（2）内存的品牌。目前市场上主流的内存品牌有：KingBox（黑金刚）、SAMSUNG（三星）、KingMax（胜创）、Kingston（金士顿）、GELL（金邦）、Hynix（现代）和海盗船 VS 等。金邦、海盗船 VS 系列内存提供终身包换服务，其余大部分品牌一般提供 3～5 年包换及终身保修服务。

7.5.5　选购硬盘

硬盘（Hard Disk，HD），分为机械硬盘、SSD 固态硬盘和 SSHD 混合硬盘三种。硬盘通常用于安装操作系统、应用软件和存储各种文件，具有价格低、容量大等特点。目前市场上主流的机械硬盘容量有 250GB、320GB、500GB、1TB 甚至更高，而 SSD 固态硬盘容量主要有32GB、64GB、128GB、256GB、512GB 和 1000GB，若 SSD 固态硬盘的容量为 1TB，那么其配置比较"奢华"。

1.　选购机械硬盘时要注意的几个方面

（1）机械硬盘的接口。

硬盘有 IDE、SATA、SAS 和 SCSI 等几种接口类型，目前计算机的硬盘接口主要是 SATA接口。现在也有不少的 SATA2、SATA3、mSATA 硬盘出现。但是相对于第一代来说，虽然其外部的传输速度可以达到 3GB/s，但 SATA2 的优势并不明显，因为主流的 7200 转硬盘的内部读取速度一般在 800MB/s 左右。由于内部读取速度所限，外部传输速度再高也没有太大的意义。

希捷公司提出了 SATA2.5 标准，规范了目前混乱的 SATA2 硬盘市场。建议用户购买 SATA接口的硬盘进行装机，因为主流主板的 IDE 接口越来越少，将来会逐渐退出市场。

（2）机械硬盘的单碟容量。

硬盘的容量等于单碟容量乘以硬盘里面的碟片数。单碟容量越大，硬盘存储容量就越大，内部读取速度就越快，而且还能降低噪声和延长硬盘的使用寿命。希捷推出的"酷鱼系列 2TB7200 转 64MB SATA3"硬盘的单碟容量达到了 1TB，是目前业界最高的，相对于其他品牌来说有一定的优势。

（3）机械硬盘的缓存。

用户在组装计算机时应该考虑至少具有 32MB 缓存的硬盘，有条件的话可以选购 64MB 缓存的硬盘。缓存容量的大小关系到硬盘的读写速度。为了平衡硬盘与内存存储速度之间的差异，提高硬盘的读写速度，硬盘会把上一次使用的数据存放在缓存中。如果系统再一次使用这些数据，硬盘则会直接从缓存中调用这些数据，从而提高硬盘的读写速度。因此缓存越大，硬盘的读写速度越快。

（4）机械硬盘的品牌。

市场上硬盘的主要生产厂商有希捷（Seagate）、西部数据（WD）、日立（Hitachi）、三星（SAMSUNG）、迈拓（Maxtor）等。希捷镭射盒装硬盘提供长达 5 年的售后服务，其他品牌盒装硬盘一般提供 3 年的售后服务。散装硬盘售后服务一般为 1 年。

2.　选购固态硬盘时要注意的几个方面

固态硬盘的接口与主板息息相关。也就是说，固态硬盘要与计算机主板上相应的接口相对应。

（1）固态硬盘的常用接口。

1）SATA 接口。

近些年来，SATA 接口已经成为计算机的标配，因此这种接口的固态硬盘也是最为普及的。目前，具有 SATA 接口的固态硬盘所执行的接口标准是 SATA Revision 3.0，接口速度为 6Gbit/s。一般地，如果你的计算机不是太老旧，通常都能使用此类接口的固态硬盘。

2）mSATA 接口。

具有 mSATA 接口的固态硬盘可以看作是 SATA 接口固态硬盘的迷你版，它的速度和可靠性与 SATA 接口的固态硬盘是相同的，只是尺寸更小一些，通常用在追求轻薄的笔记本电脑上。

3）M.2 接口。

相比 SATA 和 mSATA 接口，M.2 接口是用来取代它们的新一代接口标准。M.2 接口无论在尺寸上还是速度上均优于前两者。

具体来说，M.2 接口根据所支持的通道又分为 SATA（注意，此 SATA 是指 M.2 下的 SATA 通道）和 PCI-E 两种类型。

其中，PCI-E 类型与其他类型的固态硬盘相比，速度上已经有了质的飞跃。以前，具有 PCI-E 接口的固态硬盘采用 PCI-E2.0 x2 通道，理论带宽为 10GB；现在，它进一步转向 PCI-E 3.0 x4 通道，理论带宽提升到了 32GB。因此，若主板支持 PCI-E 接口的固态硬盘，应该优先考虑挑选后一种。

不过，正因为 M.2 接口是一个统称，既包括支持 SATA 通道的接口、又包括支持 PCI-E 通道的接口，甚至包括同时支持这两种通道的接口。所以，不要简单地认为计算机是 M.2 接口的，一定要保证相应固态硬盘的通道能够被支持。

（2）闪存颗粒。

目前，固态硬盘的闪存颗粒主要有 SLC、MLC、TLC 三种。这三种颗粒的主要区别是存储的位数不同。SLC 每个存储单元只能存储 1bit；MLC 每个存储单元可以存储 2bit；TLC 每个存储单元可以存储 3bit。一般地，SLC 的可擦写次数为 10 万次；MLC 为 5000 次；TLC 为 1000 次。

注意：

1）不要把存储位数和 2D 存储、3D 存储混淆起来。2D 存储、3D 存储表示的是存储单元的组织排列方式，而存储位数是指每个单元存储位数的多少。

2）可擦写次数是指将整个固态硬盘全部擦写一次的次数。例如，120GB 的固态硬盘擦写一次需要写入 120GB 数据。另外，可擦写次数通常是通过大量测试取平均值得出的，影响因素较多，只能作为一个参考值。

一个存储单元能存储的位数越多，该单元的容量也就越大，成本也就越低。但问题是，存储的数据越多，识别起来就越困难；同时，稳定性、耐用性、性能也会随之降低。所以对这三种闪存颗粒进行比较，SLC 性能最为高端，MLC 次之，TLC 最次。

（3）主控芯片。

固态硬盘的主控芯片从本质上来说，就是固态硬盘的处理器。主控芯片所采用的算法对固态硬盘如何读写数据、如何进行数据纠错、如何处理坏块等起着决定性作用。因此，主控芯片品质的好坏和算法的优劣也对固态硬盘的寿命和速度起着不容易忽视的作用。

（4）注意事项。

挑选固态硬盘，应该结合自己的财力和计算机的实际情况，从接口、闪存颗粒、主控等方面考虑，总结为以下几点。

1）首先看参数，主要是需求大小和读写速度。写入速度很重要，很多人都只重视了读取速度。

2）其次看质量和口碑，一般通过好评率来判断（几百万消费者反馈的大数据）。

3）最后看实测，下载竞技类的 3D 游戏测试读取速度、写入速度和实时画面卡顿情况。多测试几个游戏，因为一般计算机用的软件中，游戏最能反映硬盘和显卡的读写速度。

7.5.6　选购显卡

显卡又称为显示适配器，即通常所说的图形加速卡，是计算机不可缺少的部件之一，其性能的优劣直接影响到显示器中图像的输出速度和显示效果。以前 AGP 接口显卡曾风靡一时，随着显卡技术的不断发展，AGP 接口已经不能适应越来越大的数据传输量，而拥有更大数据传输速度的 PCI-E 接口显卡则成为绝对的主流。除了升级，建议组装计算机的用户购买 PCI-E 显卡。PCI-E 接口显卡相较于 AGP 接口显卡而言，最大的优势就是数据传输速度快。

在选购显卡时要注意下面几个方面：

1．显卡的芯片

显卡上的芯片决定着显卡性能的高低。显卡上的芯片主要有 NVIDIA 与 AMD 两大品牌。

AMD 的主流 PCI-E 显卡是 RX550、R7 系列，售价在 400~700 元之间；面向高端用户需求的 RX570、R7 370 系列和 R9 系列，价格则高达几千元。NVIDIA 的主流 PCI-E 显卡是 GeForce GTX 1050、GeForce GTX 1060 系列，售价在 700～1500 元之间。

2．显存容量

在屏幕上所看到的图像数据都是存放在显存中的。因此，显卡的分辨率越高，屏幕上显示的像素点就越多，所需要的显存容量就越大，并且显存的大小与显示的速度也有很大的关系。一般而言，显存容量越大，显示的效果越好。

3．分辨率

分辨率指的是显卡在显示器上所显示的像素的数目，分为水平行点数（线数）和垂直行点数两种。分辨率一般由水平行点数和垂直行点数相乘来表示。例如，分辨率为 1920 像素×1080 像素表示图像由 1920 个水平点和 1080 个垂直点组成。分辨率越高，显示的画面越清晰。

4．刷新频率

刷新频率是指图像在屏幕上更新的速度，即屏幕上的图像每秒出现的次数，它的单位是赫兹（Hz）。刷新频率越高，图像的闪烁感就越小，图像就越稳定。一般地，人的眼睛不会察觉 75Hz 以上的刷新频率带来的闪烁感，因此用户最好将自己显卡的刷新频率调到 75Hz 以上。

5．显卡品牌

目前市面上的显卡品牌有七彩虹、盈通、影驰、双敏、宝蓝、翔升和小影霸等，这些产品大多采用 NVIDIA 与 AMD 两家的显卡芯片。在售后服务方面，目前几乎所有品牌厂家都执行 3 个月产品包换和 1 年保修的售后服务政策。

7.5.7　选购声卡

计算机中所有的声音都必须经过声卡的处理，无论是运行计算机游戏、播放音乐 CD 或光盘 DVD，还是 Windows 操作系统自身发出的各种声音都需要声卡的支持。声卡有集成声卡和独立声卡两种，其中集成声卡最为流行，由于它较为廉价，现在几乎所有的主板都有集成声卡。一般地，集成声卡的性能不如独立声卡，用户若要追求卓越的音响效果，可以选购独立声卡。

声卡品牌有创新、启亨、TerraTec（德国坦克）等。声卡所支持的声道数也是评判技术发展程度的重要指标，目前已从单声道发展到最新的 7.1 环绕声道。以 2.1 声道为例，2.1 声道的立体声技术是在声音录制的过程中被分配到两个独立声道，从而达到较好的声音定位效果，这种技术可以让听众清晰地分辨出各种乐器发声的方向，从而使音乐更富有想象力。

7.5.8　选购网卡

网卡也叫网络适配器，是连接计算机与网络的硬件设备，是上网必备的设备之一。网卡安装在计算机的主板中，通过网线或其他传输介质便可与网络中的其他计算机进行资源共享和数据交换。

目前有线网卡有很多品牌，而且很多主板都集成网卡。家用网卡市场上常见的品牌有 TP-LINK、D-LINK、金浪、联想（Lenovo）、清华同方、UGR（联合金彩虹）、LG、实达、全向（Qxcomm）、ECOM、维思达（VCT）、世纪飞扬（Centifly）等。用户应尽量选用知名产品，不仅因为他们的兼容性好，而且能够享受到较好的售后服务。

在无线局域网的网卡市场上，主要的产品有 3COM、CISCO、D-LINK、TP-LINK、神州数码、华硕等品牌。无线移动网卡的品牌常见的有华为、中兴、联想、清华同方、索尼爱立信等。

7.5.9　选购电源

电源是整个计算机的动力来源。随着计算机技术的快速发展，电能的消耗也越来越大，电源已经成为保证计算机整机性能稳定运行的一个关键部分。

Intel 是计算机电源规范的制定者，当前主流电源主要有 ATX 12V 1.3 版、ATX 12V 2.0 版和 ATX 12V 2.2 版。由于长时间处在高负荷的工作状态下，电源及线路发热量较高。如果转换效率不够理想，电源的寿命便会大幅度缩短。对于组装计算机来说，购买一款双路 12V 输出的 ATX 12V 2.0 版或者 2.2 版的电源是非常有必要的。

在电源的选择上，静音和散热两项指标也是很重要的。一款电源如果搭配 12cm 或者 14cm 的大风扇，那么其静音和散热效果较好。所以用户购买的时候应该选择用大风扇散热的电源。总之，静音与散热好、节能与环保兼备的电源是最佳选择。

电源品牌有全汉、台达、七盟、康舒等，这些都是台湾地区生产的，设计相当优秀，但价格相对来说也比较高。大陆产电源中口碑较好的有航嘉、长城，其他品牌如金河田劲霸系列、鑫谷等也比较值得信赖。通常电源的质保期限是 1～3 年，有的甚至长达 5 年。

7.5.10　选购光驱

光驱大体上可以分为 CD 光驱和 DVD 光驱。由于 DVD 光盘无论是容量还是清晰度等方面均超越了 CD 光盘，因此 CD 光驱已逐渐被 DVD 光驱所取代，DVD 光驱已经成为主流光驱，因此建议用户选购 DVD 光驱。DVD 光驱也分为 DVD 驱动器（DVD-ROM 即只能读取 DVD 光盘上的信息，而不能将信息刻录到光盘中）和 DVD 刻录机两种。

DVD 驱动器是一种可以读取 DVD 光盘的光驱，除兼容 DVD-ROM、DVD-VIDEO、DVD-R、CD-ROM 等常见的格式外，对于 CD-R/RW、CD-I、VIDEO-CD、CD-G 等都有很

好的支持。市场上主要有先锋、三星、明基、飞利浦、建兴、LG 华硕等著名品牌。DVD 驱动器的读取速度及缓存可以作为鉴定 DVD 光驱性能优劣的参考标准，主流 DVD 光驱的读取速度是 16～24X（倍速），而 DVD 光驱的单倍速是 1.33MB/s，缓存容量一般为 256KB。

　　DVD 刻录机包括 DVD+R、DVD-R、DVD+RW（W 代表可反复擦写）和 DVD-RAM 几种类型。市场上主要有先锋、三星、华硕、明基、索尼、建兴等品牌。DVD 刻录机的写入速度、读取信息速度及缓存容量大小等都作为刻录机性能的参考标准。写入速度和读取速度越快、缓存越大，刻录机的性能就越好。

7.5.11　选购机箱

　　除鼠标、键盘、显示器及音箱等设备外，计算机的其他部件都放在机箱内。现在计算机内部各种配件的发热量越来越大，这就要求机箱必须散热性能良好。因此，购买机箱时首先要注意看有无预留的机箱风扇位置，最好前后都有；其次要看内部空间的大小，看是否设计有散热孔，这些都关系到计算机的散热性能。符合 Intel 38℃标准的机箱才是比较理想的。

　　机箱钢板也是衡量机箱质量好坏的一个标准。太薄的钢板防辐射效果不好，而且容易变形；太厚又影响散热，因此一定要选择一款钢板厚度适中的机箱。

　　目前市场上的机箱生产厂商较多，其中国内做工比较扎实、性价比较高的机箱有富士康、世纪之星、金河田、爱国者等品牌。它们的机箱做工都比较好，价格也较为实惠。

7.5.12　选购鼠标和键盘

　　一套使用舒适的鼠标和键盘不但可以提高工作效率，而且用户体验好。相反，劣质的鼠标、键盘不但手感欠佳，而且长时间使用会使人感到疲劳。因此，对鼠标和键盘的选购也不能掉以轻心。

　　杂牌鼠标、键盘的质保期一般都很短，甚至没有质保服务，购买后使用不久就容易坏掉。所以建议用户在购买鼠标、键盘时选购品牌产品。目前市场上比较有名的鼠标和键盘品牌有微软、罗技，它们的品质优秀，但价格相对较高，比较适合预算充足的用户。国产品牌也有优秀的产品，如双飞燕、摩西、新贵等，产品质量都比较过硬，而且价格相对较低，因此适合绝大多数消费者。

第 3 篇

计算机维修与维护

➡ 导读

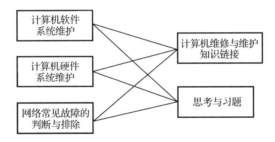

第8章

计算机软件系统维护

相关知识链接：

8.1 系统备份与恢复

8.1.1 Ghost 简介

1. Ghost 系统

Ghost 系统是指通过赛门铁克（Symantec）公司出品的 Ghost 软件在装好的操作系统中进行镜像克隆的操作系统版本，通常 Ghost 用于操作系统备份，在系统不能正常启动的时候用来进行恢复。Ghost 系统可以实现 FAT16、FAT32、NTFS、OS2 等多种磁盘分区格式的分区及磁盘的备份还原，Ghost 软件俗称克隆软件。

2. Ghost 软件涉及的英文及含义

Disk：磁盘。

Partition：分区。在操作系统里，每个磁盘盘符（C 盘以后）对应着一个分区。

Image：镜像。镜像是 Ghost 的一种存放磁盘或分区内容的文件格式，扩展名为.gho。

To：到。在 Ghost 里，可简单理解为"备份到"的意思。

From：从。在 Ghost 里，可简单理解为"从……还原"的意思。

Partition 菜单有三个子菜单：

To Partition：将一个分区（源分区）直接复制到另一个分区（目标分区），注意操作时，目标分区空间不能小于源分区。

　　To Image：将一个分区备份为一个镜像文件，注意存放镜像文件的分区不能比源分区小，最好比源分区大。

　　From Image：从镜像文件中恢复分区（将备份的分区还原）。

8.1.2　使用 Ghost 对分区进行操作

1. 启动 Ghost

　　因为 Ghost 是在 DOS 环境下运行的，所以需要提前准备 DOS 启动光盘一张，启动 Ghost32 8.0 之后，会出现 Ghost32 8.0 启动界面如图 8-1 所示。

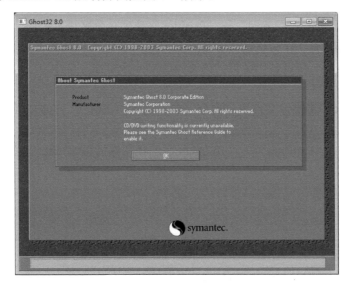

图 8-1　Ghost32 8.0 启动界面

当光标停留在"OK"按钮上后按"Enter"键，可以看到 Ghost 主菜单，如图 8-2 所示。

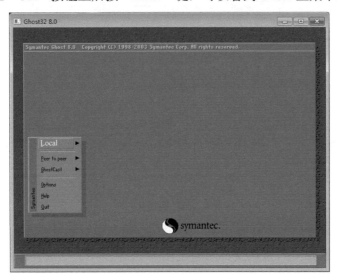

图 8-2　Ghost 主菜单

在主菜单中，有以下几项：

（1）Local：本地操作，指对本地计算机上的磁盘进行操作。

（2）Peer to peer：指通过点对点模式对网络计算机上的磁盘进行操作。

（3）GhostCast：通过单播、多播或广播方式对网络计算机上的磁盘进行操作。

（4）Option：使用 Ghost 时的一些选项，一般使用默认设置即可。

（5）Help：一个简洁的帮助文档。

（6）Quit：退出 Ghost。

注意：当计算机上没有安装网络协议的驱动程序时，Peer to peer 和 GhostCast 选项将不可用（在 DOS 环境下一般都没有安装）。

2. 对分区进行操作

启动 Ghost 之后，选择"Local"→"Partition"选项对分区进行操作。

（1）To Partition：将一个分区的内容复制到另外一个分区上。

（2）To Image：将一个或多个分区的内容复制到一个镜像文件中。一般备份系统均选择此操作。

（3）From Image：将镜像文件恢复到分区中。当系统备份后，可选择此操作恢复系统。

3. 备份系统

选择"Local"→"Partition"→"To Image"选项，然后按"Enter"键对分区进行备份，如图 8-3 所示。

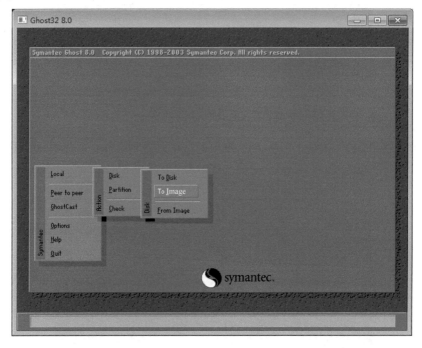

图 8-3　对分区进行备份

对分区备份的步骤如下：选择磁盘（见图 8-4）→选择分区（见图 8-5、图 8-6）→设置镜像文件的位置并输入镜像文件名（见图 8-7、图 8-8）→选择压缩比例（见图 8-9）→开始备份（见图 8-10）。

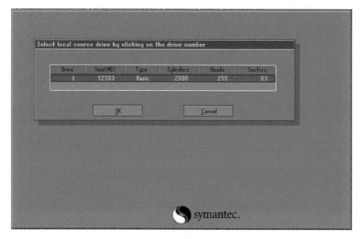

图 8-4　选择磁盘

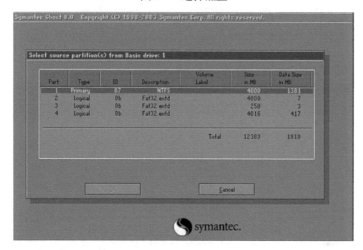

图 8-5　选择分区

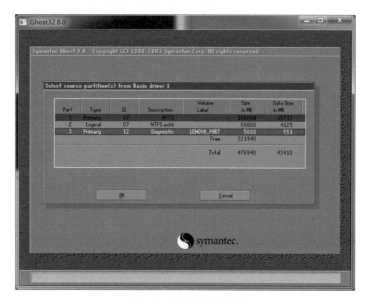

图 8-6　选择多个分区

图 8-7　设置镜像文件的位置

图 8-8　输入镜像文件名

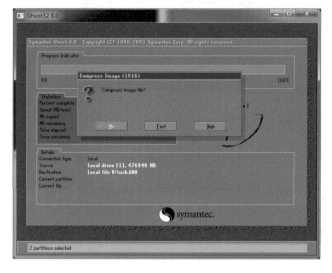

图 8-9　选择压缩比例

在选择压缩比例时，为了节省空间，一般选择"High"压缩比例。但是压缩比例越大，压缩速度就越慢。

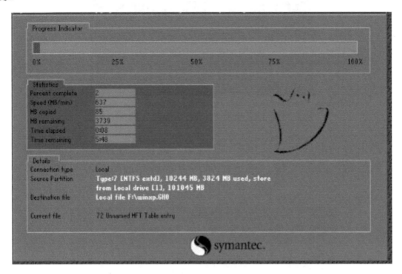

图8-10 开始备份

8.1.3 操作系统的恢复

磁盘镜像文件可以对不同型号、格式、容量的磁盘进行恢复操作，同样支持目标磁盘未经分区部分的恢复操作，速度非常快。如果源磁盘镜像文件内含有 N 个分区，Ghost 在默认情况下会对目标磁盘的分区进行改写，会把目标磁盘的所有容量都用上，同时写入数据。哪怕目标磁盘容量不等，Ghost 也会自动调整 N 个分区的比例大小。值得注意的是，目标磁盘的总容量不得小于源磁盘镜像文件总数据的容量。

Ghost 在磁盘恢复操作中，支持对目标磁盘分区进行手动调整。当把目标磁盘各分区容量之和调整到少于目标磁盘总容量时，剩余容量 Ghost 会当作未划分来处理，可以在 Windows 操作系统下创建新分区。操作步骤如下：

第 1 步：在 Ghost 主菜单上选择"Local"选项，按"Enter"键，如图 8-11 所示。

第 2 步：在弹出的菜单中选择"Disk"选项，按"Enter"键，如图 8-12 所示。

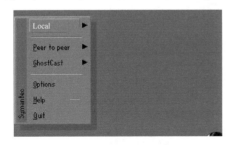

图 8-11 在 Ghost 主菜单上选择"Local"选项

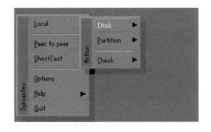

图 8-12 选择"Disk"选项

第 3 步：在"Disk"选项弹出的菜单中选择第 3 项的"From Image"选项，按"Enter"键，如图 8-13 所示。

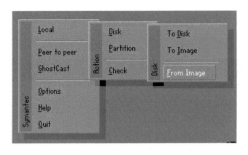

图 8-13　选择"From Image"选项

第 4 步：当弹出对话框后，连续按 8 次"Tab"键使光标停在对话框上方"Look in:"右边的搜索框内，然后按"Enter"键，在下拉列表中找到存放镜像文件的磁盘分区，如图 8-14 所示。

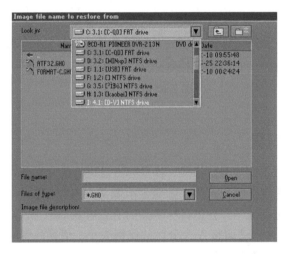

图 8-14　在下拉列表中找到存放镜像文件的磁盘分区

第 5 步：按"Enter"键确定磁盘分区后，用"↑""↓"键选取镜像文件，如图 8-15 所示。

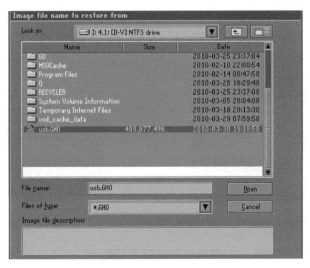

图 8-15　选取镜像文件

第 6 步：按"Enter"键后，选择需要恢复的目标磁盘，如图 8-16 所示。

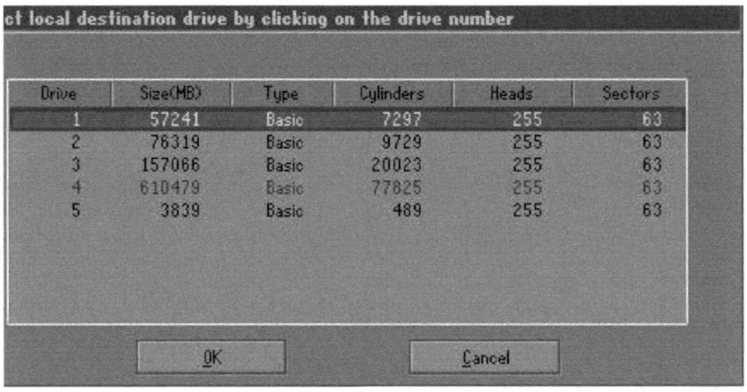

图 8-16　选择需要恢复的目标磁盘

第 7 步：选择好目标磁盘后按"Enter"键，界面如图 8-17 所示。

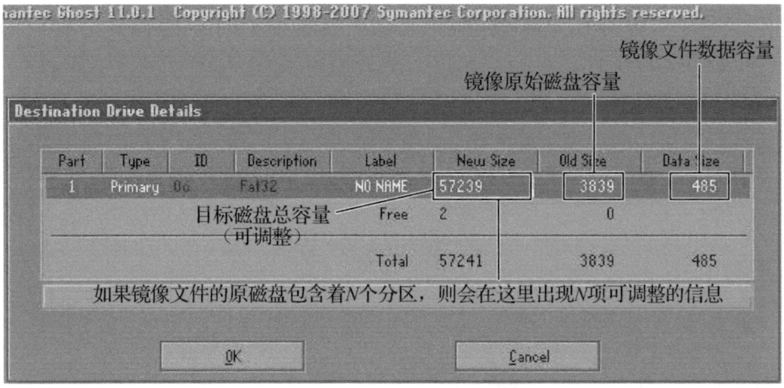

图 8-17　默认状态下的目标磁盘各分区容量

Ghost 默认的分区信息如果不改动，则直接连续按"Tab"键使光标停在"OK"按钮上。如果要更改目标磁盘各分区的容量，可以输入所需数据（见图 8-18）。应当注意：目标分区容量（New Size）不得小于源镜像文件所对应的分区数据容量（Data Size），同时注意是否有未分配的容量（Free 右边的数据），然后连续按"Tab"键使光标停在"OK"按钮上。

图 8-18　更改目标磁盘各分区容量

第 8 步：完成上一步操作后，按"Enter"键，在弹出的对话框内让光标停留在"Yes"

按钮上，如图 8-19 所示。

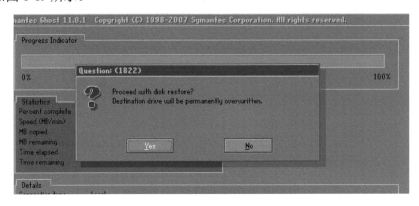

图 8-19　在弹出的对话框内让光标停留在"Yes"按钮上

第 9 步：按"Enter"键后，开始恢复操作。等恢复完毕后会弹出对话框，默认按"Enter"键重启计算机，如图 8-20 所示。

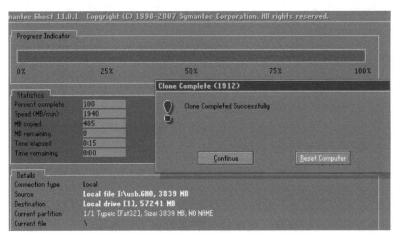

图 8-20　默认按"Enter"键重启计算机

8.1.4　两个分区之间的复制操作

（1）进入 Ghost 主界面，依次选择"Local"→"Disk"→"To Disk"选项，如图 8-21 所示。

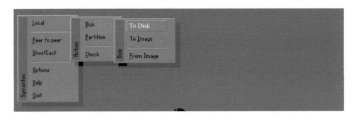

图 8-21　选择"Local"→"Disk"→"To Disk"选项

（2）选择"源磁盘"（Source Drive），也就是选择需要进行复制操作的磁盘，如图 8-22 所示，当光标停留在"OK"按钮上后按"Enter"键确定。

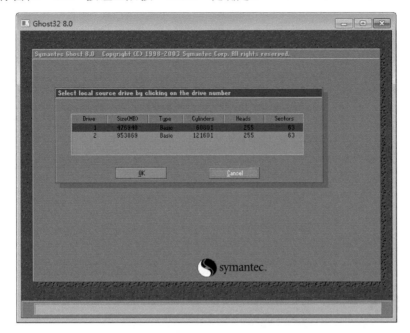

图 8-22 选择需要进行复制操作的磁盘

（3）选择"目标磁盘"（Destination Drive，即将源磁盘数据复制到的目标位置），当光标停留在"OK"按钮上后按"Enter"键确定，如图 8-23 所示。

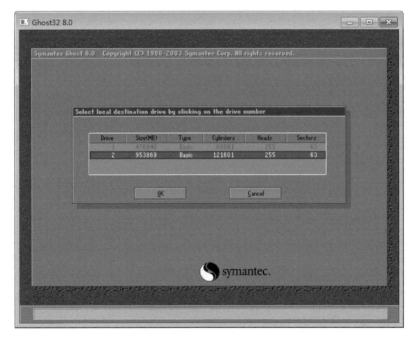

图 8-23 选择"目标磁盘"

（4）在"Destination Drive Details"界面上，可以看到目标磁盘的相关资料。如果两个磁盘大小一样，直接确认继续；如果不一样，比如一个 120GB，一个 500GB，则可以调整目标磁盘上各分区的大小，如图 8-24 所示。

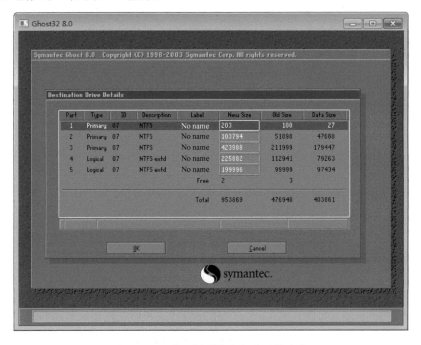

图 8-24　调整目标磁盘上各分区的大小

（5）确认目标磁盘分区大小后会出现一个询问"是否进行克隆"且提示"目标磁盘将被源磁盘覆盖"的对话框，使光标停留在"Yes"按钮上，如图 8-25 所示。

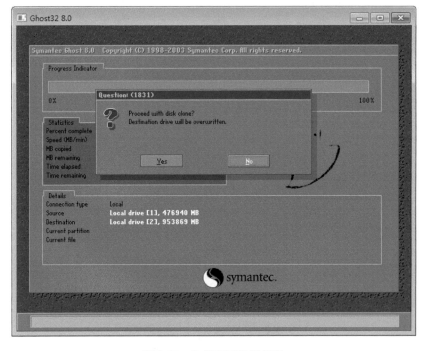

图 8-25　选择是否进行克隆

（6）在按"Enter"键后，就开始磁盘复制了，界面上会显示复制进度，如图 8-26 所示。

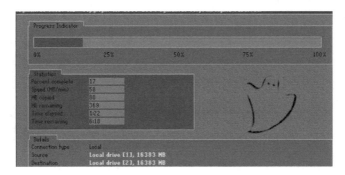

图 8-26　开始磁盘复制

（7）复制（Clone）完成，如图 8-27 所示。重启计算机。

图 8-27　复制（Clone）完成

8.1.5　整个磁盘数据的备份及还原

第 1 步：运行 Ghost 程序后，依次在主界面主菜单选择"Local"→"Disk"→"To Image"选项，按"Enter"键后依次选择需要备份的磁盘和用于保存备份文件的路径和文件名，即可将整个磁盘数据备份为一个 Ghost 文件了。主界面菜单选择如图 8-28 所示。

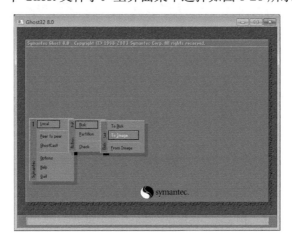

图 8-28　主界面菜单选择

第 2 步：在弹出的对话框内，选择要备份的磁盘，然后连续按"Tab"键使光标停留在"OK"按钮上，如图 8-29 所示。如果计算机只安装一个磁盘，则图中列表第 2 行不会出现，这时默认选择第 1 行即可。

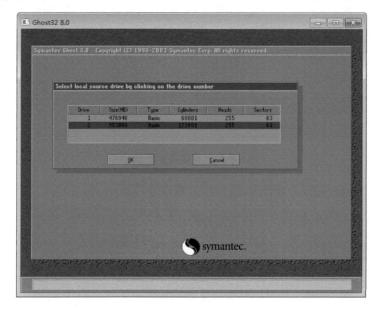

图 8-29　选择要备份的磁盘

第 3 步：按"Enter"键以后，连续按 8 次"Tab"键使光标停留在对话框上方"Look in："右边的搜索框内，用"↑""↓"键选择要存放备份文件的磁盘分区，如图 8-30 所示。

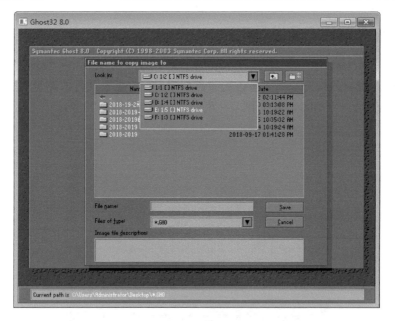

图 8-30　选择存放备份文件的磁盘分区

第 4 步：按"Enter"键以后，Ghost 默认将备份文件存放在选择好的分区根目录上，光标在"File name："右边的输入框内，可以直接输入要备份的文件名（如果不存放在根目录上，则需要用"↑""↓"键和"Enter"键配合使用来选择文件夹），如图 8-31 所示。

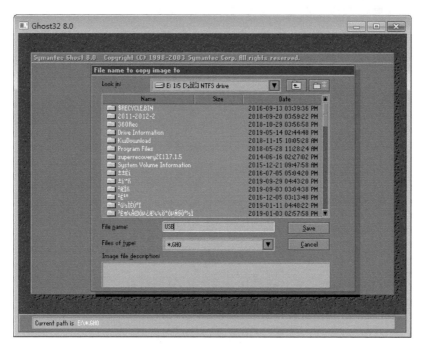

图 8-31　在输入框输入要备份的文件名

第 5 步：按"Enter"键以后，在弹出的对话框内选择高压缩镜像文件（"High"），如图 8-32 所示。

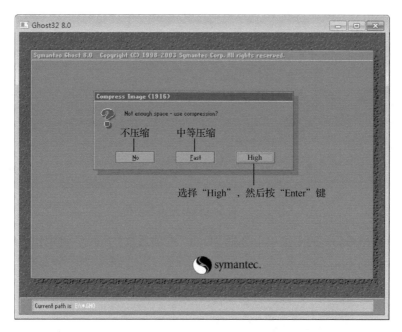

图 8-32　在弹出的对话框内选择高压缩镜像文件（"High"）

第 6 步：按"Enter"键以后，使光标停留在"Yes"按钮上，然后按"Enter"键开始备份，确认进行备份的对话框如图 8-33 所示。

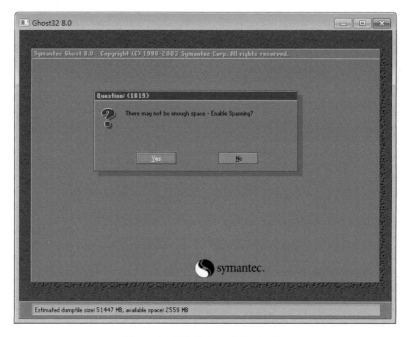

图 8-33　确认进行备份的对话框

第 7 步：备份完成后弹出对话框，按"Enter"键完成备份，如图 8-34 所示。

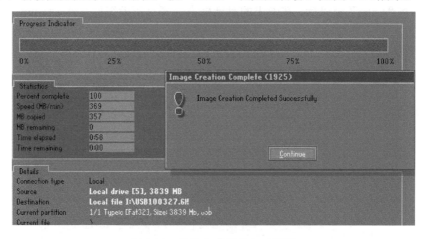

图 8-34　备份完成后弹出对话框

第 8 步：最后在 Ghost 的主菜单上选择"Quit"选项后按"Enter"键退出 Ghost，如图 8-35 所示。

图 8-35　选择"Quit"选项退出 Ghost

8.1.6　用命令行参数自动完成备份及还原

Ghost 命令行参数介绍如下：

（1）-rb：本次 Ghost 操作结束退出时自动重启。这样，在复制系统时就可以放心离开了。

（2）-fx：本次 Ghost 操作结束退出时自动回到 DOS 提示符下。

（3）-sure：对所有要求确认的提示或警告一律回答"Yes"。此参数有一定"危险性"，只建议高级用户使用。

（4）-fro：如果源分区发现坏簇，则略过提示强制复制。此参数可用于"挽救"磁盘坏道中的数据。

（5）@filename：在 filename 中指定 txt 文件。txt 文件为 Ghost 的附加参数，这样做可以不受 DOS 命令行 150 个字符的限制。

（6）f32：将源 FAT16 分区复制后转换成 FAT32（前提是目标分区大小不小于 2GB）。Windows NT 4 和 Windows 95、Windows 97 用户慎用。

（7）bootcd：当直接向光盘中备份文件时，此选项可以使光盘变成可引导的。此过程需要放入启动盘。

（8）-fatlimit：将 Windows NT 的 FAT16 分区大小限制在 2GB。此参数在复制 Windows NT 分区且不想使用 64KB/簇的 FAT16 时非常有用。

（9）-span：分卷参数。当空间不足时提示复制到另一个分区的另一个备份包中。

（10）-auto：分卷复制时不提示就自动赋予一个文件名继续执行。

（11）-crcignore：忽略备份包中的 CRCERROR。除非需要抢救备份包中的数据，否则不要使用此参数，以防数据错误。

（12）-ia：全部镜像。Ghost 会对磁盘上所有的分区逐个进行备份。

（13）-ial：全部镜像，类似于-ia 参数，对 Linux 分区逐个进行备份。

（14）-id：全部镜像。类似于-ia 参数，但包含分区的引导信息。

（15）-quiet：操作过程中禁止状态更新和用户干预。

（16）-script：可以执行多个 Ghost 命令行命令。命令行命令存放在指定的文件中。

（17）-span：启用镜像文件的跨卷功能。

（18）split=x：将备份包划分成多个分卷，每个分卷的大小为 xMB。这个功能非常实用，用于大型备份包复制到移动式存储设备上时，例如将一个 1.9GB 的备份包复制到 3 张刻录光盘上。

（19）-z：将磁盘或分区上的内容保存到镜像文件时进行压缩。-z 或-z1 为低压缩率（快速）；-z2 为高压缩率（中速）；-z3～-z9 压缩率依次增大（速度依次减慢）。

（20）-clone：这是实现 Ghost 无人备份/恢复的核心参数。

下面举例说明：

1）ghost.exe -clone，mode=pdump，src=1:2，dst=g:\bac.gho。

将一号磁盘的第二个分区做成镜像文件放到 g 盘中。

2）ghost.exe -clone，mode=pload，src=g:\bac.gho:2，dst=1:2。

在内部存有两个分区的镜像文件中，将第二个分区还原到磁盘的第二个分区上。

3）ghost.exe -clone，mode=pload，src=g:\bac.gho，dst=1:1 -fx -sure –rb。

用 g 盘的 bac.gho 文件还原到 c 盘。完成后不显示任何信息，直接启动。

4）ghost.exe -clone，mode=load，src=g:\bac.gho，dst=2，SZE1=60P，SZE2=40P。

将映像文件还原到第二个磁盘，并将分区大小比例修改成 60：40。

8.1.7　Ghost 常见的错误代码

Ghost 常见的错误代码如表 8-1 所示。

表 8-1　Ghost 常见的错误代码

错　误　代　码	原因或解决方法
519	存放镜像的分区没有足够空间
651	用户中断操作，因为不能在目标分区定位一个镜像分卷
657	经过估算，存放镜像文件的分区剩余空间太小
8006，8007，8008 Program has timed out	如果启动 Ghost 时出现这样的信息，那表示正在使用的 Ghost 为试用版，而且已经超过试用期限
8013，10015-IB and -ID are not valid switches for	-IB 和 -ID 是复制分区所使用的参数，-IB 表示要一起复制的启动磁区，-ID 表示用来复制整个磁区。出现这个错误代码，代表参数设置有问题
8016 It must be run in DOS mode to install	代表目前的操作系统无法切换到 DOS 模式
8018 Slave did not receive token from Master	进行 TCP/IP 点对点传输作业，如果设定不正确或传输设备无法正常使用，就会出现这个错误代码
8024 This copy of Ghost is not properly licenced，please contact your dealer with your licence detail	执行 Ghost 出现该错误代码，代表 Ghost 未经过授权，所以无法执行
10000	不正确的路径/文件语法。应确保路径及文件名正确，同时确定用户是否具有在网络上建立镜像文件的写权限
10001	使用者放弃了操作
10001 Check Dump file：Unknown Transfer	命令参数设定有错误
10005 Dump file more than hahaX days old	代表正在使用的 Ghost 评估版已经超过使用期限，无法继续使用，需要购买正式版软件重新制作新的镜像文件
10006 Cannot open spanned file	使用切割过的镜像文件进行还原操作时，如果所有的分割镜像文件没放在同一个路径下，就会出现这个错误代码。可以通过把所有分割后的镜像文件放在同一路径下解决
10008 Unexpected end of file	进行点对点传输时，出现这个错误代码代表连接中断
10010，10013 Cannot open dump file 10017，11000	当建立或还原镜像文件时出现这个错误代码，代表 Ghost 无法储存或开启镜像文件，应确认输入的文件名和路径是否正确；如果通过网络存取，应确认是否有存取权限
10014，10019 Cannot open hahaX	Ghost 无法打开指定文件，请重新确认文件名与路径的正确性

续表

错 误 代 码	原因或解决方法
10015-IB and -ID are not valid switches for partition operations	和错误代码 8013 一样
10026 Evaluation copy of Ghost cannot load images made by other copies	在还原镜像文件时出现这个错误代码，代表当前使用的 Ghost 为评估版，无法还原其他版本的镜像文件
10027 Unknown image format：code hahaX：later Ghost version required	在进行还原作业时出现，代表制作此镜像文件的 Ghost 版本比用户现在使用的 Ghost 版本还新。可以重新制作镜像文件，或使用最新的 Ghost 版本去还原。由此类型的驱动器所控制，Ghost 无法完全将磁盘定位。应先把分区解压缩，再执行 Ghost 程序
10030 Disk is full cannot continue	当前的磁盘空间已满，无法存储视频文件，应清出足够的空间，或者把视频文件存储到其他磁盘中
10032 Cannot open XXX	和错误代码 10014 一样，CMOS 的磁盘侦测模式可能错误，进入 CMOS，Standard CMOS Setup，更改磁盘侦测模式为 AUTO
10033，10038 Out of conventional memory	内存不足，应释放足够的内存再执行 Ghost，可在 Config.sys 中加入代码 dos=high，umb
10035，10036，1003 Cannot open next span file	当使用已切割成多个文件的镜像文件来还原时，如果出现这个错误代码代表 Ghost 无法找到其余的镜像文件。应把所有镜像文件放在同一个路径下
10060	读取了坏的源文件或磁盘。检查磁盘或镜像文件是否有问题、网络是否有冲突及光驱是否有问题
10082	Ghost 的共享版本已过期，必须购买才能够使用
10170	拒绝检查镜像文件或磁盘。应使用更新的版本以解决此问题
10180	磁盘没有响应。请检查电缆线、电源连接、跳线及基本 I/O 单元（BIOS）设置。确定系统已经由 Fdisk 命令将磁盘正确分区
10210	无效的扩充分区信息，可能磁盘分区已经被磁盘压缩软件压缩。如果它们由此类型的驱动器所控制，Ghost 无法完全将磁盘定位。应先把分区解压缩，再执行 Ghost 程序
10220	返回这个错误代码，是因为正在 Windows 操作系统的 DOS 命令行窗口下执行 Ghost 程序。应试着在纯 DOS 环境下使用 Ghost，最好用 DOS 盘启动计算机，然后再执行 Ghost 程序
10600	由于内存不足，Ghost 无法适当地继续。具体参阅错误代码 15040
11000	无效的备份镜像文件，应重新指定备份镜像文件
11032	存放镜像的分区空间已满
11050 Only one drive - cannot clone locally	当进行磁盘复制时，出现这个错误代码代表有一个磁盘无法进行此作业
11100 Operation aborted at user request	出现这个错误代码代表 Ghost 作业已经被使用者中断了，应重新设定
12020 Write to CD-R disc falied	这个错误代码代表 Ghost 无法将资料刻录到光盘上，应确认光驱是否可以正常运作及查看 Ghost 是否有支持光驱
12030 Unable to Close session name	这个错误代码代表 Ghost 无法完成资料光盘作业

错 误 代 码	原因或解决方法
12080	一般是因为在网络之上进行磁盘对磁盘复制操作所致。Ghost 仅仅能够通过 NetBIOS 协议在网络上进行磁盘对磁盘复制操作
12090	读取或写入磁盘发生错误，应尝试先扫描磁盘并修复，再执行 Ghost
14030 Program has timed out	未注册的 Ghost 版本的文件日期超过它的终止日期，应购买新的 Ghost 版本
15010, 15020, 15030, 15050	返回此类错误代码时，可以试着使用 Ghost -E 去避免此类错误
15040	执行 Ghost 时内存不够，请确认在 config.sys 中已经加入以下语句：device= himem.sys。 下面是个可行的 config.sys 组态： device=himem.sys device=emm386.exe noems i=b000-b7ff（加此参数无法执行 ET3） dos=high，umb devicehigh=（您的装置驱动器） 下面是不需要的装置，它们对于 Ghost 的效率并无助益： setver.exe、smartdrv.exe 或任何其他磁盘公用快取
15100	使用 Ghost -OR 拒绝检查或更新到最新版本以解决此问题
15150	可能是已经损坏的镜像文件，请先使用 "Local" → "Check" → "Image File" 命令来检查一下镜像文件的完整性
15165	Ghost 在对网络或磁盘上的文件进行存取时出现问题，应检查网络设备或者使用最新版本的 Ghost 解决此难题
15170	源磁盘未格式化或遇到了无效的分区。应确定源磁盘已经被正确分区
15175	在 Compaq 机器上运行时可能产生的问题，应使用最新版本的 Ghost；或是发现无效的簇，磁盘扫描程序（Scandisk）可以解决。在 Windows 操作系统环境下右击 C 盘图标，在快捷菜单上单击 "属性" 选项，在弹出的对话框中单击 "工具" 选项卡，进行检查
16040	磁盘上有太多分区
19080	大部分原因是 Ghost 存取的目录或文件名称是无效的
19320	Ghost 由于内存不足无法执行，请参阅错误代码 15040
19912 Unable to start TCP/IP，driver problem detected	启动磁区中不包含目前使用的网卡驱动程序，所以无法驱动网卡
19916 Unable to start TCP/IP duplicate IP address found on the network	当利用 TCP/IP 通信链接的时候，本错误代码代表被控端的 IP 和其他计算机重复
20001 Copying NTFS partition	当备份 NTFS 磁区时，如果磁盘超过 32GB 就可能出现这个错误代码，这是 Ghost 本身的问题
20079 -sure is unavailable in this version of Ghost	当执行 Ghost 前加上-sure 参数时，如果出现这个错误代码，则代表正在使用的 Ghost 版本不支持当前参数（企业版支持）
29000 Cannot write to destination drive. Restart computer in MSDOS mode	制作镜像文件时出现，则代表 Ghost 无法将资料储存到指定的磁盘上，原因可能是防毒软件的开启。应关闭防毒软件（BIOS 的简单防病毒功能也要关闭）后再制作

续表

错 误 代 码	原因或解决方法
30004	读取加密过的镜像文件时用户提供的密码不正确，无法使用镜像文件
36000	常规错误（可能原因是目标分区不存在），可尝试更换 Ghost 版本或用 DiskGenius（DiskMan）来修复分区表
36002	如果在运行 Ghost 的时候，按下 Ctrl+C 组合键终止 Ghost 运行，则会出现此错误代码
50401 Unknown CD-R error：code 7	代表 Ghost 无法辨认目前光驱中的光盘，可能是光驱挑光盘的关系，应换别的光盘；或磁盘有坏道。若仍想将资料备份出来，则可以在 Ghost 下设置参数：-fro 与 -ia（-fro 代表强制备份，不管有无坏道；-ia 代表用磁区的方式进行复制操作）

8.2 软件故障的模拟与排除

8.2.1 排除软件故障

软件故障的产生原因：

（1）软件不兼容：有些软件在运行时与其他软件产生冲突，相互不能兼容。如果这两个不兼容的软件同时运行，可能会中止系统的运行，严重的将会使系统崩溃。比较典型的例子是若系统中存在多个杀毒软件，则同时运行时很容易造成系统崩溃。

（2）非法操作：非法操作即用户的不当操作，如卸载软件时不使用卸载程序，而直接将程序所在的文件夹删除，这样不仅不能完全卸载该程序，而且还会给系统留下大量的垃圾文件，成为系统故障隐患。

（3）误操作：误操作是指用户在使用计算机时，无意中删除了系统文件或执行了格式化命令。这样会导致硬盘中重要的数据丢失，甚至不能启动计算机。

（4）病毒的破坏：有的计算机病毒会感染硬盘中的文件，使某些程序不能正常运行；有的病毒会破坏系统文件，造成系统不能正常启动；还有的病毒会破坏计算机的硬件，使用户蒙受更大的损失。

排除方法：

（1）注意提示信息：软件发生故障时，系统一般都会给出提示信息，仔细阅读提示并根据提示来排除故障常常可以事半功倍。

（2）重新安装应用程序：如果在使用应用程序时出错，可将这个程序完全卸载后重新安装。通常情况下，重新安装可以解决很多程序出错引起的故障。同样，重新安装驱动程序也可以修复计算机部件因驱动程序出错而产生的故障。

（3）利用杀毒软件：一些版本低的程序存在漏洞（特别是操作系统），容易在运行时出错。因此，如果一个程序在运行中频繁出错，可通过升级该程序版本来解决。

（4）寻找丢失的文件：如果系统提示某个系统文件找不到了，可以从操作系统的安装光盘或正常计算机中提取原始文件到相应的系统文件夹中。

8.2.2　常见软件故障分析

（1）系统文件被病毒修改或被误删除了，以及系统分配文件丢失了都会导致系统无法启动。

解决办法：用系统恢复光盘进行恢复，若系统分配文件丢失了可以用自己编写的文件替代或保存一个空的文件。开机后按"F8"键进入系统菜单。选择第五项或第六项按"Enter"键输入 scanreg /restore 按"Enter"键确认。然后选择其中任意一项按"Enter"键确认，最后出现提示：restorer 表示成功；OK 表示失败，这样再次进入直到提示成功为止，重新启动计算机。再编写一个 config.sys 的文件如 edit config.sys，内容是 device=c：\windows\himem.sys /testmem：off，换行后输入 DOS=high Alt+F+X，保存文件。

（2）联想计算机在使用时应特别注意的问题：在通过 Modem 上网后切记拔掉 Modem 的连接线，否则可能会因雷电天气使系统产生故障。

8.2.3　Windows 操作系统常见错误代码产生的原因及解决方法

1. 停止错误编号：0x0000000A

说明文字：IRQL-NOT-LESS-OR-EQUAL。

产生原因：驱动程序使用了不正确的内存地址。

解决方法：如果无法登录操作系统，则重新启动计算机。当出现可用的系统列表时，按"F8"键。在 Windows 操作系统高级启动选项界面上，选择"最后一次正确的配置"，然后按"Enter"键。检查是否正确安装了所有的新硬件或软件。如果这是一次全新安装，可以与硬件或软件制造商联系，获得可能需要的任何 Windows 更新或驱动程序。运行由计算机制造商提供的所有系统诊断软件，尤其是要进行内存检查。禁用或卸载新近安装的硬件（RAM、适配器、硬盘、调制解调器等）、驱动程序或软件。确保硬件设备驱动程序和系统 BIOS 都是最新的版本。确保制造商可帮助你确认是否具有最新版本的 BIOS，也可帮助你获得它。禁用 BIOS 内存选项，如 Cache 或 Shadow。

2. 停止错误编号：0x0000001E

说明文字：KMODE-EXCEPTION-NOT-HANDLED。

产生原因：内核模式进程试图执行一个非法或未知的处理器指令。

解决方法：确保有足够的空间，尤其是在执行一次新安装的时候。

如果错误消息指向了某个特定的驱动程序，那么禁用它。如果无法启动计算机，应试着用安全模式启动，以便删除或禁用该驱动程序。如果有非 Microsoft 支持的视频驱动程序，尽量切换到标准的 VGA 驱动程序或 Windows 提供的适当驱动程序。禁用所有新近安装的驱动程序。确保有最新版本的系统 BIOS。硬件制造商可帮助确定你是否具有最新版本的 BIOS，也可以帮助你获得它。禁用 BIOS 内存选项，如 Cache、Shadow。

3. 停止错误编号：0x00000023 或 0x00000024

说明文字：FAT-FILE-SYSTEM 或 MTFS-FILE-SYSTEM。

产生原因：问题出现在 ntfs.sys（允许系统读写 NTFS 驱动器的驱动程序文件）内。

解决方法：运行由计算机制造商提供的系统诊断软件，尤其是硬件诊断软件。禁用或卸载所有的反病毒软件、磁盘碎片整理程序或备份程序。通过在命令行提示符下运行 Chkdisk/f 命令检查硬盘驱动器是否损坏，然后重新启动计算机。

4. 停止错误编号：0x0000002E

说明文字：DATA-BUS-ERROR。

产生原因：系统内存奇偶校验出错，通常由硬件问题导致。

解决方法：卸载所有新安装的硬件（RAM、适配器、硬盘、调制解调器等）。运行由计算机制造商提供的系统诊断软件，尤其是硬件诊断软件。确保硬件设备驱动程序和系统 BIOS 都是最新版本。使用硬件供应商提供的系统诊断程序，进行内存检查来查找故障或不匹配的内存。禁用 BIOS 内存选项，例如 Cache 或 Shadow。在启动后出现系统列表时，按"F8"键在 Windows 操作系统高级选项界面上，选择"启动 VGA 模式"，然后按"Enter"键。如果这样做还不能解决问题，可能需要更换不同的视频适配器列表。

5. 停止错误编号：0x0000003F

说明文字：NO-MOR-SYSTEM-PTES。

产生原因：没有正确清理驱动程序。

解决方法：禁用或卸载所有的反病毒软件、磁盘碎片处理程序或备份程序。

6. 停止错误编号：0x00000058

说明文字：FTDISK-INTERN-ERROR。

产生原因：容错集内的某个主驱动器发生故障。

解决方法：使用 Windows 操作系统安装盘启动计算机，从镜像系统驱动器引导。有关如何编辑 Boot.ini 文件以指向镜像系统驱动器的指导文档，可在 Microsoft 支持服务 Web 站点搜索"Edit ARC path"获取。

7. 停止错误编号：0x0000007B

说明文字：INACCESSIBLE-BOOT-DEVICE。

产生原因：初始化 I/O 系统（通常是指引导设备或文件系统）失败。

解决方法：引导扇区病毒通常会导致这种停止错误。可以使用反病毒软件的最新版本，检查计算机上是否存在病毒。如果找到病毒，则必须把他从计算机上清除掉，可以查阅反病毒软件文档了解如何执行这些步骤。卸载所有新安装的硬件（RAM、适配器、调制解调器等）。核对 Microsoft 硬件兼容性列表以确保所有的硬件和驱动程序都与 Windows 操作系统兼容。如果使用的是 SCSI 适配器，可以从硬件供应商那里获得最新 Windows 驱动程序，禁用 SCSI 设备的同步协商，检查该 SCSI 连接是否终结，并核对这些设备的 SCSI ID。如果无法确定如何执行这些步骤，可参考硬件设备的文档。如果使用的是 IDE 设备，将板上的 IDE 端口定义为唯一的主端口。核对 IDE 设备的主/从/唯一设置，卸载除硬盘之外的所有 IDE 设备。如果计算机已使用 NTFS 文件系统格式化，可重新启动计算机，然后在该系统分区上运行 Chkdisk /f/r 命令。如果由于错误而无法启动系统，那么使用命令控制台，并运行 Chkdisk/r 命令。

运行 Chkdisk/f 命令以确定文件系统是否损坏。如果 Windows 操作系统不能运行 Chkdisk 命令，则将驱动器移动到其他运行 Windows 操作系统的计算机上，然后在这台计算机上对该驱动器运行 Chkdisk 命令。

8. **停止错误编号：0x0000007F**

说明文字：UNEXPECTED-KERNEL-MODE-TRAP。

产生原因：通常是由硬件或软件问题所导致的，但一般都是由硬件故障引起的。

解决方法：核对 Microsoft 硬件兼容性列表以确保所有的硬件和驱动程序都与 Windows 操作系统兼容。如果计算机主板不兼容就会产生这个问题。去除所有新安装的硬件。运行由计算机制造商提供的所有系统诊断软件，尤其是内存检查软件。禁用 BIOS 内存选项，例如 Cache 或 Shadow。

9. **停止错误编号：0x00000050**

说明文字：AGE-FAULT-IN-NONPAGED-AREA。

产生原因：内存错误（数据不能从分页文件交换到磁盘中）。

解决方法：去除所有的新安装的硬件。运行由计算机制造商提供的所有系统诊断软件，尤其是内存检查软件。

检查是否正确安装了所有新硬件或软件，如果这是一次全新安装，可以与硬件或软件制造商联系，获得可能需要的任何 Windows 更新或驱动程序。禁用或卸载所有的反病毒程序。禁用 BIOS 内存选项，例如 Cache 或 Shadow。

10. **停止错误编号：0x00000077**

说明文字：KERNEL-STEL-STACK-INPAGE-ERROR。

产生原因：无法从分页文件将内核数据所需的页面读取到内存中。

解决方法：使用反病毒软件的最新版本，检查计算机上是否有病毒。如果找到病毒，则执行必要的操作把他从计算机上清除掉。可以参阅制造商提供的所有系统诊断软件，尤其是内存检查软件。禁用 BIOS 内存选项，例如 Cache，Shadow。

11. **停止错误编号：0x00000079**

说明文字：MISMATCHED-HAL。

产生原因：硬件抽象层与内核或机器类型不匹配（通常发生在单处理器和多处理器配置文件混合在同一系统的情况下）。

解决方法：要解决本错误，可使用命令控制台替换计算机上错误的系统文件。单处理器系统的内核文件是 Ntoskml.exe，而多处理器系统的内核文件是 Ntkrnlmp.exe，但是这些文件要与安装媒体上的文件相对应，在安装完 Windows 操作系统后，不论使用的是哪个原文件，都会被重命名为 Ntoskrnl.exe 文件。HAL 文件在安装之后也使用名称 Hal.dll，但是在安装媒体上却有若干个可能的 HAL 文件。

12. **停止错误编号：0x0000007A**

说明文字：KERNEL-DATA-INPAGE-ERROR。

产生原因：无法从分页文件将内核数据所需的页面读取到内存中（通常是由分页文件上的故障、病毒、磁盘控制器错误或由故障的 RAM 引起的）。

解决方法：使用反病毒软件的最新版本，检查计算机上是否存在病毒。如果找到病毒，则执行必要的操作把他从计算机上清除掉，可以参阅防病毒软件文档了解如何执行这些步骤。如果计算机已使用 NTFS 文件系统格式化，可重新启动计算机，然后在该系统分区上运行 Chkdsk/f/r 命令。如果由于错误而无法启动命令，那么使用命令控制台，并运行 Chkdsk/r 命令。运行由计算机制造商提供的所有的系统诊断软件，尤其是内存检查软件。

13. 停止错误编号：0xC000021A

说明文字：STATUS-SYSTEM-PROCESS-TERMINATED。

产生原因：用户模式子系统损坏，例如 Winlogon 或客户服务器运行时子系统（CSRSS）已被损坏，所以无法再保证安全性。

解决方法：去除所有新安装的硬件。如果无法登录，则重新启动计算机。当出现可用的操作系统列表时按"F8"键，在 Windows 操作系统高级选项菜单屏幕上选择："最后一次正确的配置"，然后按"Enter"键。运行故障恢复控制台，并允许系统修复任何检测到的错误。

14. 停止错误编号：0xC0000221

说明文字：STATUS-IMAGE-CHECKISU7M-MISMATCH。

产生原因：驱动程序或系统 DLL 已经被损坏。

解决方法：运行故障恢复控制台，并且允许系统修复任何检测到的错误。如果在 RAM 添加到计算机之后立即发生错误，那么可能是分页文件损坏，或者新 RAM 故障或不兼容。删除 pagefile.sys 并将系统返回到原来的 RAM 配置。运行由计算机制造商提供的所有系统诊断软件，尤其是内存检查软件。

8.3　思考与习题

简答题

（1）一键备份 C 盘的镜像文件保存在什么位置？有何优点？怎么打开？怎么删除？

（2）如何使用 Ghost 备份分区？

（3）列举可能引起软件故障的原因（至少 3 个）。

（4）计算机软件故障处理要遵循哪些原则？

第9章

计算机硬件系统维护

9.1 硬件故障的模拟与排除

9.1.1 计算机硬件故障常见原因

1. 电路故障或元器件故障

拆装元器件时要切断电源,不能使用蛮力;紧固螺钉时要逐渐用力,同时不要拧得过紧或过松,以免使主板局部变形,导致接触不良或人为损坏。主板如图 9-1 所示。

图 9-1　主板

2. 机械故障

机械故障主要发生在键盘、鼠标、扫描仪、打印机等外部设备上，主要是由于维护、保养不当或使用方法不正确造成的。使用这些外部设备时，要根据设备使用说明书的要求来使用，加强维护保养。

3. 连线与插件接触不良

接触不良是计算机硬件的常见故障，主要发生在电源线、网线、打印机数据线等连接部位。

4. 人为操作失误

人为操作失误是由于使用者操作错误或没有按照操作规程的要求操作引起的故障。要避免出现此类故障，一定要养成良好的习惯。

5. 电源工作不良

在使用过程中，若电源供电电压不足、电源功率低或不供电，会产生计算机不能启动或计算机不断重启等故障。

6. 跳线设置错误

如果错误地调整了设备的跳线开关使设备的工作参数发生改变，可能会导致设备无法正常工作，发生故障。如图 9-2 所示为跳线设置图。

跳线针槽————

图 9-2　跳线设置图

7. 硬件不兼容

部件质量有问题通常会导致计算机无法开机、无法启动或某个部件不工作等故障。

9.1.2　计算机硬件故障处理原则

1. 先外部设备后主机原则

由外部设备引起的故障往往比较容易发现和排除，因此应先根据报错信息检查键盘、鼠标、显示器、打印机等外部设备的各种连线和检查电源线，再确认本身工作状况及能否进行自检，最后再检查主机相关板卡、接口电路。

2. 先电源后部件原则

电源作为计算机主机的动力源泉，作用很关键。当出现设备工作不正常时，应首先检查供电是否正常、电源是否工作正常，然后再检查设备本身（见图 9-3）。

3. 先简单后复杂原则

遇到故障时，应先从最简单的方面开始检查，如主机的外部环境，包括检查各种连接线、数据线是否连好或松动。排除连接线损坏、温度过高的情况后，再检查主机的

图 9-3　检查电源

内部环境（如灰尘是否过多、部件指示灯是否正常）。

9.1.3　利用自检程序（POST）诊断计算机故障

无论是台式计算机还是笔记本电脑，在生产时就配有用于硬件系统测试的计算机加电自检（Power On Self Test，POST）程序。计算机电源键一经按下，这个隐藏在 BIOS 芯片中的测试诊断程序便会自行启动；当诊断正确后，再进行系统配置、I/O 设备初始化；然后引导操作系统。这个程序也是导致计算机开机延迟的重要原因之一。

ROM-BIOS 中的自检程序在测试时一般将硬件分为中心系统硬件、非中心系统硬件及配置硬件，相应的功能也按此进行划分。若所测试到的中心系统硬件故障属于严重的系统故障，则系统无法进行错误信息的显示。若测试到的硬件故障属于非致命故障，则系统能在自检程序界面上显示出错误代码。为了方便故障诊断，BIOS 程序还能根据故障部位给出相应的声音信号。

在进行非中心系统硬件和配置硬件的测试时，要求保证中心系统硬件功能正常。因此最重要的中心系统硬件要最先测试和初始化，BIOS 按如图 9-4 所示的流程测试和初始化中心系统硬件部件。

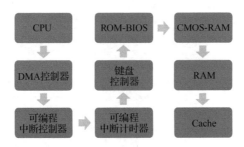

图 9-4　BIOS 测试和初始化中心系统硬件的流程

当中心系统硬件测试和初始化完成后，BIOS 要验证存在于 CMOS RAM 中的系统配置数据是否同实际配置硬件一致。然后 BIOS 测试并初始化 64KB 以上的内存、键盘、软盘、硬盘驱动器、显示器和其他中心系统硬件。当测试到硬件故障时，BIOS 给出相应的出错编码和出错信息。

BIOS 测试及初始化非中心系统硬件和其他配置硬件的流程如图 9-5 所示。

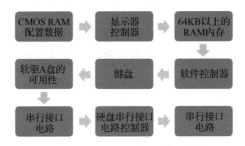

图 9-5　BIOS 测试及初始化非中心系统硬件和其他配置硬件的流程

加电自检时，若检测出故障，系统通常会用不同的声音和屏幕信息提示故障存在和故障类型。自检时发现故障一般以初始化显示器为界限。出现严重故障时系统不能继续启动，计算机通过扬声器发出的报警声来通知用户，用户可以通过这种长短各异的、有规则的声音来判断故障位置及类型，以便及时排故障。常见 BIOS 报警声的含义，根据产品版本的不同可能有所不同（见表9-1~表9-4）。

表9-1　AMI BIOS 报警声说明

报警声	报警声含义
1短	内存刷新故障
2短	内存错误检查和纠正校验错误
3短	系统基本内存检查失败
4短	系统时钟出错
5短	CPU 故障
6短	键盘控制器故障
7短	系统实模式错误，不能切换到保护模式
8短	显示内存故障
9短	BIOS 芯片检验错误
1长3短	内存故障（内存可能坏了）
1长8短	显示器数据线或显卡未连接好

表9-2　AWARDS BIOS 报警声说明

报警声	报警声含义
1短	系统正常启动，无任何故障
2短	常规设置有问题，只需进入 CMOS 重新设置即可
1长1短	内存或主板故障
1长2短	显示器或显卡故障
1长3短	键盘控制器故障
1长9短	主板 BIOS 损坏
不断长声	内存故障
不断短声	电源、显示器或声卡未连接好
重复短声	电源故障

表9-3　戴尔笔记本电脑灵越系列报警声说明

报警声	报警声含义
1声	主板、BIOS 校验和故障
2声	没有检测到内存
3声	主板上主芯片组故障
4声	内存读/写故障
5声	主板上实时时钟故障
6声	显卡或显示芯片故障
7声	CPU 或 CPU 插槽故障
8声	显示屏故障（旧版本系统）
12声类似报警5声一组	内存故障

表 9-4   戴尔笔记本电脑 XPS 系列报警声说明

报　警　声	报警声含义
1 声	主板，包括 BIOS 损坏或 ROM 故障
2 声	未检测到内存（RAM）
3 声	芯片组故障（北桥和南桥故障）、计时时钟测试失败、A20 门电路故障、超级 I/O 芯片故障、键盘控制器故障
4 声	内存（RAM）故障
5 声	CMOS 电池故障
6 声	显卡/芯片故障
7 声	中央处理器（CPU）故障
8 声	液晶显示屏故障

注：戴尔笔记本电脑一直以来都将故障诊断指示灯内置到系统中。这些指示灯确实有助于诊断和解决计算机在启动过程中可能出现的问题。

9.1.4   常见计算机报警故障案例

案例一：发出连续"嘀嘀"的短响声

故障分析：计算机发出连续"嘀嘀"的短响声，原因可能是内存或显卡接触不良。

解决方案：

（1）听到这种声音，能够先根据 BIOS 报警声含义初步判断这是最常见的内存和显卡接触不良故障。

（2）关机拔电源线，用螺丝刀把机箱打开，分别进行内存和显卡插拔测试，如果有多个内存，需要通过逐个拔掉或交换来确定是哪一个内存有问题（见图 9-6）。

图 9-6   内存和显卡插拔测试

（3）若以上方案都试过了但问题还未得到解决，最好的方法就是找到主板说明书阅读相关内容。此外也有可能是电源或电源线有问题，更换电源或电源线问题或能得到解决。

案例二：计算机开机时报警声长鸣

故障分析：计算机一开机就报警声长鸣，显示屏也不亮，原因可能是内存故障。如图 9-7所示为内存故障测试。

图 9-7 内存故障测试

解决方案：

（1）清洁内存"金手指"。

（2）交换内存插槽。

（3）用多个内存试插，可以先在其他计算机上测试，以确定内存是否可以使用。

（4）检查电子元器件。

（5）如果通过以上方法都未解决此问题，可能是内存电路故障，这时需要更换主板。

案例三：开机不加电

解决方案：

（1）检查供电链路。

新计算机开机不加电故障很难出现，即使出现类似故障一般也不是由硬件损坏引起的，而多是连接安装不当所导致的。旧计算机需要检查故障配件或故障点，先检查电源及主板上电源跳线的连接情况，再确认主机电源键是否老化，配件短路操作时可分四段检查。

检查电源、电源线、电源插座。先观察显示器电源指示灯，若发现指示灯不断闪烁，说明显示器电源连接正常。再检查电源线与电源接口，常犯的错误是电源线接口与电源接口没连接好，导致不加电，接上电源后看到主板指示灯亮了或鼠标的指示灯亮了，则说明电源加电基本正常。这些也是最简单的排除故障的方法。

检查电源与主板连接。因为电源主供电接口连接的位置多在铜柱支撑不是很好的主板底部位置，所以可能出现接触不良故障，连接时最好用一只手托住主板再插电源与主板连接口，以确保插紧。

检查主机电源键。如果长时间高频率的使用机器，电源键会出现磨损、老化，若多次按压电源键都不能通电，可以将电源键外壳取掉用工具直接按压开关元件（见图 9-8）。

检查主板电源开关与主机电源键之间的线路。先检查主板电源跳线连接是否正确，接反也能开机，但不能接错线，否则无法开机。

（2）检查电路是否短路。

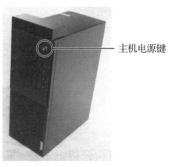

主机电源键

图 9-8 主机电源键故障测试

计算机的短路可分为两种情况：一种是严重短路导致的主要配件彻底损坏，这种情况下主要配件不能加电，所以计算机无法加电；另一种是局部短路，它导致配件加电后电源进入保护状态。

案例四：CMOS 电压不足引起的不加电

故障分析：长时间没使用且断电时间很长的计算机与城市用电正确连接好，按下主机电源键后发现电源指示灯不亮，主板无法正常加电，反复尝试多次都不能解决问题。这时可以从供电链路、CMOS 跳线、CMOS 电压、电源、主板、CPU 等方面考虑是什么原因导致的故障。

解决方案：

（1）检查供电链路，包括显示器、主要电源线及主板电源等是否连接好了，若没有问题，则排除线路问题。

（2）检查 CMOS 跳线（见图 9-9）。将 CMOS 跳线帽从 1、2 插针换到 2、3 插针位置上再开机，故障如果还存在，则排除跳线问题。

图 9-9   检查 CMOS 跳线

（3）检查 CMOS 电压（见图 9-10）。如果有专业的工具（万用表），可以测量一下 CMOS 电压，若发现电压不足，则更换 CMOS 电源之后计算机通常就可以正常加电了。如果没有万用表，可以直接将 CMOS 电源取下，问题一般可以得到解决。

图 9-10   检查 CMOS 电压

案例五：开机提示按"F1"键才能进系统

故障情景描述：某学院在几年前购置了一批台式计算机，使用时间超过了三年。每次上实验课时同学们开机总会提示按"F1"键（Press F1），对英文不熟悉的同学不知道该怎么办，怎样才能让计算机进入操作系统呢？

故障分析：从 CMOS 电池和软盘驱动器两方面考虑。

解决方案：

（1）若 CMOS 电池没电了，则让实验课老师更换一块新的 CMOS 电池。

（2）如果在配置计算机时没有安装软盘驱动器，但在启动时又检测软盘驱动器，那么可以通过 BIOS 设置来将软盘驱动器屏蔽掉。重启计算机按"Delete"键进入 BIOS，找到 ADVANCED BIOS SETUP，按"Enter"键，将 BOOT UP FLOPPY SEEK 设置为 DISABLED，然后保存并退出设置界面。

通过使用以上两种方法，每次启动计算机都要按"F1"键的提示就不会出现了。

案例六：主板灰尘过多导致无法开机

故障情景描述：某同学有一台计算机平时都能正常使用，有一天突然无法开机了：计算机没有反应，电源风扇也没有转动。

解决方案：检查电源、电源键、清理灰尘。

（1）打开主机机箱，观察主板上的指示灯。如果指示灯是亮的，则可以排除是电源线故障的可能性。

拆开主机机箱检查，若发现机箱底部、主板、CPU 附近都布满了灰尘，则用除尘刷清理灰尘（见图 9-11）。

电源接口

图 9-11 清理灰尘

（2）拔掉所有电源线，取下内存、风扇和 CPU，用专用静电防护布或小毛刷擦拭干净。

（3）把内部各种连接线安装好后，通电，通常情况下计算机就可以正常启动了。

通过以上几点，我们了解到：若计算机主板灰尘过多且环境潮湿，主板的控制电路会受到影响，不能正常工作。所以我们需要定期对计算机内部进行清理，保持机箱内部干净。

案例七：温度过高引起计算机运行速度慢或系统崩溃

故障情景描述：很多同学为了下载电影没有关闭或者忘记关闭计算机，过几个小时后再次使用计算机，会发现运行速度下降了，该怎么解决这个问题呢？

故障分析：考虑是否是软件故障（病毒、应用程序运行太多）或 CPU 散热不够（风扇不转、灰尘多）。

解决方案：

（1）用正版杀毒软件查杀、排除病毒；不使用的应用程序，如果关闭不了，可以通过按 Ctrl+Shift+Delete 组合键启动任务管理器结束进程来关闭（见图 9-12）。

（2）打开机箱观察 CPU 散热器是否正常，确认是否由于温度过高导致 BIOS 监控程序将 CPU 频率降低运行，引起计算机运行速度变慢。可以进入 BIOS 中检查，如果是 CPU 的警戒温度设置得过低，则将其调高故障便会消失。

案例八：进入 BIOS 的方法

故障情景描述：目前市场上各种品牌的计算机层出不穷，每个人根据个人喜好选择不同品牌的计算机，但不同品牌计算机进入 BIOS 的方法有所不同。

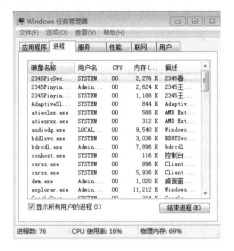

图 9-12   结束进程

解决方案：一般组装机多是按"F12"键进入 BIOS，笔记本电脑进入 BIOS 的方法根据品牌不同而有所不同，如表 9-5 所示为几种常见品牌的笔记本电脑进入 BIOS 的方法。

表 9-5   常见品牌笔记本电脑进入 BIOS 方法

笔记本电脑品牌	进入 BIOS 方法
联想笔记本电脑	启动和重新启动时按"F2"键
联想 ThinkPad 系列笔记本电脑	大多是按"F2"键，但部分是连续按"F1"键
华硕笔记本电脑	启动和重新启动时按"F2"键
惠普笔记本电脑	启动和重新启动时按"F2"键
索尼笔记本电脑	启动和重新启动时按"F2"键
东芝笔记本电脑	启动时先按 Esc 键后再按"F1"键
宏碁笔记本电脑	启动和重新启动时按"F2"键
神舟笔记本电脑	启动和重新启动时按"F2"键
戴尔笔记本电脑	启动和重新启动时按"F2"键
富士通笔记本电脑	启动和重新启动时按"F2"键
三星笔记本电脑	启动和重新启动时按"F2"键

9.1.5   计算机硬件故障判断方法

定位故障发生点非常重要，它是建立在科学判断的基础上的。由于计算机故障往往是有连带关系的，一级故障还伴随着二级故障的出现，因此就要逐步缩小范围，确定故障点。

判断计算机故障的方法有很多，除利用加电自检程序所给出的声音、屏幕提示确定故障部位的方法外，人们还常用以下几种方法进行硬件故障的判断和处理。

1. 观察法

观察法，是硬件故障判断的第一方法，它贯穿于整个维修过程中，即通过看、听、摸、闻等方式检查比较明显的故障，观察内容主要包括以下几个方面。

（1）周围环境。

观察计算机摆放的位置是否存在干扰源；观察城市供电电压是否正常；观察温度与湿度是否符合计算机运行的要求（见图 9-13）。

图 9-13 周围环境判断

（2）硬件环境。

1）观察计算机的电源线是否连接正常；观察计算机上都连接了哪些外部设备（如打印机、扫描仪）。计算机上连接的打印机如图 9-14 所示。

（a）打印机电源接口 　　　　（b）打印机数据线接口

图 9-14 计算机上连接的打印机

2）观察计算机硬件配置情况；观察计算机主机内部部件是否安装正确；观察机箱内部各部件和散热风扇出风口灰尘是否太多。检查主机部件如图 9-15 所示。

图 9-15 检查主机部件

观察各硬件部件外观有无结构变形，有无颜色变化，注意是否有异常的焦煳气味。计算机启动后，注意观察各机械部件的运行状态及各指示灯的显示情况。检查主板部件外观如图 9-16 所示。

图 9-16　检查主板部件外观

（3）软件环境。

1）查看计算机中安装使用了哪些软件及版本。

2）检查安装在计算机上的硬件驱动程序是否正确、是否安装完成，相应的属性设置是否正确。

3）在运行或启动某个具体的软件时，注意观察屏幕上的显示状态及硬件设备方面的表现。

（4）了解用户操作习惯、方法。如操作软硬件方法是否正确，是否符合操作要求。

（5）利用测试工具对怀疑有故障的部件或系统进行测试时，应认真观察测试结果。

从以上五个方面可以看出，观察法就是用眼睛看、用鼻子闻、用耳朵听、还要动手做，不仅是要用一些工具进行测试，还要结合其他的故障判断方法进行相关的测试。

2. 隔离法

隔离法就是将可能妨碍故障判断的硬件和软件屏蔽起来的一种判断方法。

（1）对于软件而言，可以用停止运行或卸载的方法进行隔离，卸载故障软件如图 9-17 所示。

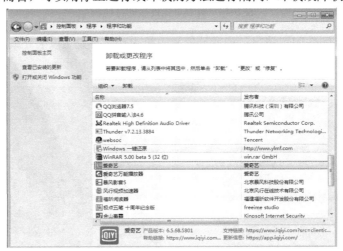

图 9-17　卸载故障软件

（2）对于硬件而言，隔离法是在设备管理器中禁用、卸载其驱动或将硬件从系统中去除的方法。

（3）隔离法对于抗干扰也有所帮助。发现屏幕闪烁抖动得厉害时，可以将计算机搬离当前环境，或将计算机与其他周边设备（如手机、空调等）隔一段距离，观察闪烁抖动现象是否消失或减弱，如果消失或减弱，则可以认为当前故障是环境中的电磁干扰所致，否则有可能与显示器设置不当或与硬件故障相关。

3. 最小系统法

使用最小系统法的主要目的是分隔故障，使计算机在基本的硬件和软件环境下判断故障，达到缩小故障范围的目的。

（1）硬件最小系统：由电源、主板和 CPU 组成。在这个系统中，没有任何信号连接，只有电源到主板的电源连接。在判断的过程中主要是通过声音来判断这一核心组成部分是否可以正常工作。

例如：对于计算机主机不能加电开机的故障，为了缩小故障部件的可能范围，在维修判断过程中，常常使用硬件最小系统。在这个硬件最小系统之中，只含主机电源、主板和 CPU。如果在这样的环境下，计算机主机可以加电开机，那么可能的故障部件就是其他不在这个最小硬件系统中的部件；如果仍不能加电开机，就说明电源或主板有故障。

（2）软件最小系统：硬件部分由电源、主板、CPU、内存、显卡/显示器、键盘、硬盘组成。软件最小系统主要用来判断系统是否可以完成正常的启动与运行。

例如：解决计算机经常系统崩溃的问题。为了区分软、硬件故障，需要设定一个最小软件系统，这个最小软件系统是在当前的硬件环境下，只安装一个操作系统。如果在这样的最小软件系统环境下计算机正常工作了，说明原来安装在计算机中的应用程序和驱动程序有问题，可以大致判断为软件问题；如果仍然有系统崩溃的现象发生，就说明计算机硬件存在问题。

4. 逐步添加法、逐步去除法

逐步添加法以最小系统法为基础，每次只向系统添加一个部件或软件，观察故障现象是否消失或发生变化，以此来判断、定位故障部件。

逐步去除法与逐步添加法的操作相反。即从当前计算机的配置中一次只去除一个部件或软件，然后观察故障现象是否消失。

使用逐步添加法、逐步去除法后，一般再使用替换法，可较为准确地定位并排除故障。

5. 替换法

替换法就是通过用好的部件去替换可能有故障的部件，来判断故障现象是否消失的一种维修方法。好的部件可以是同型号的，也可以是不同型号的。替换法是在使用其他判断方法基本定位到故障部件时而采用的一种维修方法。

使用替换法要注意以下几点：

（1）必须在断电情况下进行硬件操作。这里的断电不是单指关机，而是指必须将计算机与市电断开连接。

（2）替换操作，要避免将故障范围扩大。这一方面是指，在替换操作时应做好防静电的工作；另一方面是指防止再次损坏新替换的部件，如更换电源前确保市电是正常的，以免新电源更换以后再次烧坏。

（3）如果对软件进行替换操作，应注意存放在计算机中的数据是否会被损坏或删除。

6. 比较法

比较法与替换法类似，即用好的部件与疑似有故障的部件进行外观、配置、运行现象等相关方面的比较，以找出它们的不同或变化。比较法也经常用在两台计算机之间，主要是比较两台计算机在软件、硬件方面的配置变化，以找出不同，而这个不同就是导致计算机故障的原因，从而排除故障。

7．升降温法

升降温法，就是通过提高或降低计算机使用环境的温度来查看故障现象变化的一种故障判断方法。

升温可以利用计算机自身的发热来进行，降温有以下几种方法：

（1）一般选择环境温度低的时间段，如清早或傍晚。

（2）使计算机停机 12～24h。

（3）使用电风扇吹风，加快降温速度。

8．敲打法

敲打法一般用在怀疑计算机中某部件有接触不良的故障时，通过适当地敲打部件或设备的特定部位来使故障复现，从而判断故障部件所在位置。

9．清洁法

有些故障，往往是由于机器内灰尘较多引起的。在维修过程中，注意观察故障机内、外部是否有较多的灰尘，灰尘多就对其除尘，然后再进行后续判断。

9.2 常用外部设备的使用与维护

9.2.1 针式打印机的工作原理及维护

针式打印机是目前常用的打印机之一，其特点是结构简单、维护费用低、耗材耗费低并能多联打印，其缺点是打印噪声大、体积大、精度差、打印速度慢、分辨率低及不适合打印图形等。针式打印机特别适合于银行、通信等公共服务机构的多联票据打印。根据打印宽度的不同，针式打印机又分为窄行（80 列）和宽行（132 列）两种。针式打印机的打印速度一般为 50～200 字/s（字为汉字）。

1．针式打印机的结构

针式打印机从结构上来讲，一般可分为机械部分和电路控制部分（见图 9-18）。

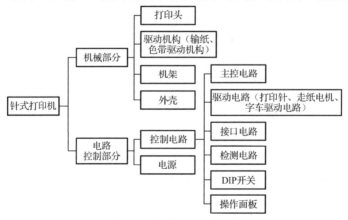

图 9-18 针式打印机的结构

（1）机械部分。

针式打印机的机械部分主要由打印头、输纸驱动机构、色带驱动机构、机架和外壳等组成。

（2）电路控制部分。

针式打印机的电路控制部分主要由主控电路、走纸电机驱动电路、字车驱动电路、操作面板控制电路、检测电路等组成。

2. 针式打印机的工作原理

针式打印机是靠主要部件打印头与其他辅助部件协同工作来完成打印任务的。打印头是由纵向排列成单列（如 9 针）、16 针或交叉排列成双列（如 24 针）的打印针及相应的电磁线圈构成的。当针式打印机处于联机状态时，通过接口接收计算机发送的打印控制命令、字符打印命令或图形打印命令。经打印机的 CPU 处理后，从字库中找到与该字符或图形相对应的图像编码首列地址（正向打印时）或尾列地址（反向打印时），然后按顺序一列一列地调出字符或图形编码，送往打印头控制与驱动电路，当电磁线圈通电磁化后，相应的打印针出针，向外撞击色带，把色带的墨迹打印到纸上。同时通过与其他机构和部件的配合控制字车、色带及纸张的移动，打印出需要的字符或图形，完成打印任务（见图 9-19）。

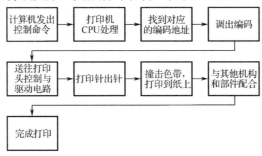

图 9-19　针式打印机的工作原理

3. 针式打印机的日常维护

为了保证打印机正常工作，降低设备的故障率，一定要注意平时的维护保养工作。做好日常维护和保养工作，不但能减少机器故障的发生，而且是延长机器使用寿命、确保机器使用效果的重要保障。因此既要按操作规程使用打印机，又要做好打印机的定期维护和保养工作。

（1）打印机的工作环境。

1）打印机应安装在清洁、无腐蚀、无振动、远离热源的地方。

2）避免日光直晒，环境温度应保持在 10～35℃之间，不能剧变。

3）保证交流用电输入接口有良好的连接，一定要将打印机三芯插头接在具有接地处理的电源插座上。

（2）正确使用和操作方法。

1）使用前要详细阅读打印机操作手册，了解所用机型的技术指标和使用方法。

2）正确连接打印机，不允许带电插拔打印机与主机之间的电源线（并口打印机）。

3）避免带电情况下随意横向移动字车，以免造成字车电机和其控制驱动电路部分故障。

4）避免带电情况下手动进纸、退纸。

5）不使用过薄、过厚、过硬或表面凹凸不平的纸张，以免产生打印头断针故障。

（3）定期检查。

1）检查色带是否有破损、移动是否自如、打印字迹是否清晰。

2）检查打印头与打印胶辊间隙是否合适。

3）检查字车导轨是否光滑及字车移动是否正常。

4）检查走纸机构是否通畅及打印各部件是否松动。

（4）定期清洁。

1）打印机表面清洁。

2）打印内部清洁。

3）字车导轨清洁。

4）打印胶辊清洁。

清洁时应注意打印机内部部件应使用酒精清洗，外壳部分用中性洗涤剂清洗，晾干后要还原装置。

4. 针式打印机故障常见案例

（1）案例一：打印文本上下错位。

故障情景描述：打印文本时上下起始位不固定，在打印一行或数行文字后起始位向左或向右偏移，偏移距离不定，造成文本上下错位，无法阅读。

故障分析：导致上下错位最直接的原因是字车机动负荷过重。这种情况一般都是由于字车导轨太脏或生锈，使字车来回移动阻力太大或阻力不均匀造成的。

维修方案：将字车导轨清理干净并加上润滑油就可以解决。如果情况严重，则可将字车机构与导轨分离拆开，清理字车滑动轴承部分，以保证字车运行。

（2）案例二：打印机不进纸。

故障情景描述：在打印过程中打印纸无法跟着卷纸筒进纸。

故障分析：不进纸原因大多数是走纸电机损坏，在通电的情况下用手转动进纸手柄或正常打印时强行撕纸，都会导致进纸电机负载过重而烧坏，应在断电的情况下用手转动进纸手柄。此外，不进纸也有可能是由传动机械故障导致的。

维修方案：如果是走纸电机损坏，则更换走纸电机就能解决问题。

（3）案例三：打印的字模糊不清。

故障情景描述：打印机打印出的字模糊不清，导致无法阅读。

故障分析：打印的字模糊不清可能是间距调杆距离不合适，出现色带并把打印纸蹭破。

维修方案：先检查色带是否没有墨了，若没墨了则需要更换色带并调整间距调杆。检查打印头的出针口是否被油污堵塞，如果被堵塞则需要用酒精清洗干净，晾干装上；也可以用打印断针测试软件或目测打印针是否断了，若是则更换打印针。

（4）案例四：颜色缺失。

故障情景描述：打印出来的字迹不清楚，部分字体出现颜色缺失。

故障分析：检查色带是否起毛或没墨了。

维修方案：将色带架从打印机上卸下，抠开卡扣，注意不要弄折定位销钉；为避免新色带装错位，应仔细观察旧色带的绕行结构，将旧色带拆下；打开新色带包装，握住新色带盒，将新色带倒扣在色带架内，注意不要弄散色带；分开齿轮，将色带放入中间，然后将色带沿导槽依次理顺；观察色带是否有拧、皱的地方，调整正常后，合上盖子，转动旋钮数圈。

9.2.2 喷墨打印机的工作原理及维护

喷墨打印机具有体积小、重量轻、工作噪声低、价格便宜、可彩色打印几大特点。目前喷墨打印机已成为家用、办公打印机的首选型，更是广告、装潢等设计单位的必需品。

1. 喷墨打印机的结构

喷墨打印机种类繁多，基本结构由机械系统和电路系统组成。机械系统部分主要由墨盒、喷头、墨盒、清洗机构、字车机械和送纸系统组成；电路系统部分主要由主控电路、驱动电路、传感器检测电路、接口电路和电源组成（见图9-20）。

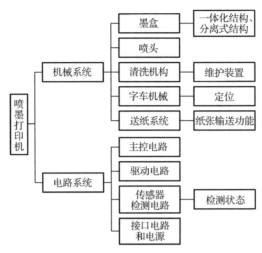

图 9-20 喷墨打印机的结构

2. 喷墨打印机的工作原理

喷墨打印机分为固体喷墨打印机和液体喷墨打印机，工作过程就是当纸张通过喷头时，在打印信号的驱动下，通过强磁场加速形成高速墨水并喷到纸上，实现字符及图形的打印。按照墨水的喷射方式不同，可分为随机式和连续式两种，目前大多数喷墨小型打印机都采用随机喷墨方式。

随机式喷墨打印机又称按需式喷墨打印机，即墨水按照需要随机地从喷头中喷出，不需要墨水泵及墨水回收装置，因此可实现小型化，但打印速度慢。为了提高打印速度，喷头常由多个喷嘴构成。根据墨水喷射时的驱动方式不同，又可分为气泡式和压电式两种。

（1）气泡式喷墨打印机。

气泡式喷墨打印机的喷头内装有加热元件，当打印数据通过驱动电路对其施加电脉冲信号时，加热元件急剧升温，使靠近它的墨水迅速加热到沸点，生成了一个微小的蒸汽气泡，气泡扩张后墨水被挤出喷嘴。随着加热元件温度下降，气泡和墨水分界处开始冷却，气泡收缩。当墨水喷出后，喷嘴产生负压，再将墨水从墨盒中吸入喷嘴，以便下次使用。

（2）压电式喷墨打印机。

压电式喷墨打印机的喷头内部装有墨水，喷头的上下两侧各装有一块压电晶体，压电晶体受打印信号的控制，打印信号对其施加脉冲电压，使其变形后产生压力，从而挤压喷头喷出墨水。为避免墨水干涸和灰尘堵塞，喷嘴口装有挡板，不打印时挡板盖住喷嘴。

3. 喷墨打印机的日常维护

喷墨打印机与针式打印机的不同之处是它含有高精密的元件，如果使用及维护不当，不仅会减少打印机的使用寿命，严重时还会损坏打印机，甚至使打印机不能正常工作。因此，使用和维护喷墨打印机时，要严格按照说明书的操作规范进行，并注意以下几点。

（1）合理使用喷墨打印机。

1）保持清洁适宜的环境。如果灰尘太多或高温、干燥，容易造成喷头污染、堵塞，影响打印质量，并且还容易使字车导轨润滑不好，使字车移动受阻，导致不能正常打印。

2）正常关机。如果非正常关机，容易使字车不能正常回到初始位置。字车如果在初始位置，将受到保护罩的密封保护，使喷头不易被阻塞，另外还可避免下次开机时重新清洗造成墨水浪费。

3）不可用手移动字车、墨盒及墨盒支架。如果强行移动字车、墨盒及墨盒支架，易引起机械部分的损坏。有些打印机必须在开机的状态下更换墨盒，通过按键操作将字车从初始位置移出到适当位置，然后再进行更换墨盒的操作。

4）应将打印机放置在稳定的桌面上，不要在打印机上放置任何物品。

（2）喷头维护注意事项。

1）不要随意拆下喷头。必须拆下时，要将喷头放置在专用的护架上，防止用手触摸喷嘴。

2）不能用水清洗喷头，以免水中的杂质阻塞喷嘴。

3）不能将灰尘等污染物弄到喷嘴上，也不要用纸、布等擦拭喷嘴表面。

4）换墨盒后要及时清洗喷头并打印测试页，以免墨水供应不上，使喷嘴内的墨水干涸。

5）要定期清洗喷头。打印机使用一段时间后，会有灰尘、纸屑等堆积在打印喷头上，影响打印质量，应定期清洗。若出现较严重的打印质量问题，可以连续清洗几次。清洗打印喷头可在联机状态下利用打印机驱动程序中的清洗工具进行清洗，也可以在脱机状态下通过打印机操作面板上的按键进行清洗。

（3）墨盒维护注意事项。

1）不能将墨盒放在阳光直射的地方，也不要将墨盒放在灰尘多的地方。

2）不要使用劣质墨水，也不要擅自向墨盒中注入墨水，会损坏喷头。购买墨盒最好到专卖店，并且最好使用同系列的产品。

3）不要磕碰、挤捏墨盒，也不要随意拆开墨盒，以免使其泄漏。

4）墨水具有导电性，不要将墨水洒在电路板上，以免引起短路。

（4）更换墨盒注意事项。

当打印机出现字迹不清、缺色、字符有划痕等现象且经清洗后效果改善不明显时，需要更换墨盒。有的打印机在墨盒中的墨水用完时，会发出更换墨盒的提示信息。更换墨盒后一般应清洗几次喷头。

更换墨盒的方法如下：

1）打开上机盖，字车自动移到中间位置。换好墨盒后，盖好机盖，再清洗喷头并打印测试页即可。

2）有些打印机需要利用操作面板按键移出字车。打开上机盖，按住指定按键 2～3s，字车移动到换墨盒位置，换好墨盒后，盖好机盖，清洗喷头并打印测试页。

更换墨盒的注意事项如下：

1）记住安装位置，不要将墨盒位置装错。

2）严禁用手强行移出字车。

3）关机情况下安装墨盒打印机无法充墨，可能原因是缺少墨水而使管壁内残余墨水干涸。

4）为避免打印机对墨水用量计量错误，应在开机状态下更换墨盒。不得随意拆装墨盒。

5）选择质量好的纸张。

4．喷墨打印机故障常见案例

（1）案例一：喷墨打印机卡纸故障。

故障情景描述：在打印的过程中出现卡纸现象。

故障分析：检查纸张是否放置正确、有无歪斜，查看打印机硬件运行情况，检查打印纸是否符合要求。

维修方案：

1）当出现卡纸现象后，应先将卡住的纸拿出来。打印机的墨盒停在打印机中间，切断电源后，把墨盒取出，再慢慢地把纸拉出来，注意需要双手捏住纸的两端，同时均匀用力。

2）纸张一般选择 70g 以上的标准打印纸，打印机纸盒里放置的纸张不宜过多。

（2）案例二：新墨盒装入打印机后打印空白页。

故障情景描述：打印机提示需要更换墨盒时，安装新墨盒后打印出来的仍然是白纸。

故障分析：检查墨盒安装是否正确、喷头是否堵塞，检查硬件损坏情况。

维修方案：

1）检查新墨盒标签，将标签完全揭去，以便使空气从导气槽（孔）进入墨盒上部。

2）若喷头内的金属弹片老化接触不良，会导致机器不能识别新墨盒，也不能打印，这时需要更换喷头。

3）利用打印机自洗程序清洗喷头 1～3 次即可，有时多次清洗喷头仍不能解决问题时，不要取出墨盒，让墨盒在机内暂放几小时，也可能解决问题。

（3）案例三：打印颜色与屏幕颜色不匹配。

故障情景描述：数字媒体专业同学绘制一幅彩色广告设计图，打印出来后发现图片与设计时的颜色不同，影响了广告图的效果。

故障分析：重新设置打印模式；更换相匹配的打印纸；检查是否缺某种颜色的墨水。

维修方案：

1）显示器采用 RGB 颜色模式标准，打印机采用 CMYK 印刷色彩模式标准。屏幕颜色会根据屏幕色彩校准设置的不同而不同，可通过重新设置打印模式解决问题。

2）换质量较好的、与广告设计图相匹配的打印纸。

3）检查墨盒，查看是否某种颜色的墨已用完。

9.2.3 激光打印机的工作原理及维护

激光打印机具有分辨率高、速度快、噪声小、使用成本低、处理能力强及打印色彩艳丽等特点。激光打印机的应用范围越来越广，常用在日常办公中。

1．激光打印机的结构

激光打印机的主要部件有墨盒、激光鼓（硒鼓）、显影轧辊、显影磁铁、墨粉、初级电晕放电极、清扫器等器件；激光扫描系统包括激光发生器、光调制器、扫描器、偏转器和同步器等光器件。激光打印机的结构如图 9-21 所示。

（1）机械系统中的送纸区、定位/传输区和出纸区，负责完成打印纸在打印机中的各种运动，故又称之为打印纸张传递结构。电阻传感器、机械传感器和光传感器是机械系统中的传感器部分。定影组件中使用的是电阻传感器，控制面上的开关使用的是机械传感器，送纸、退纸区中使用的是光传感器。

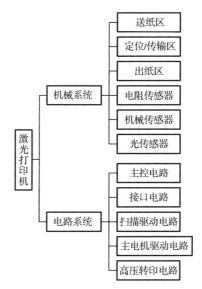

图 9-21　激光打印机的结构

（2）电路系统主要为打印机提供电源，接收计算机传来的打印信号，驱动控制主电机、激光扫描系统及控制操作面板等。

2. 激光打印机的工作原理

激光打印机分为黑白激光打印机和彩色激光打印机两种，工作原理基本相同。

激光打印机是将激光扫描技术和电子照相技术相结合的非击打式的打印输出设备。其可直接将计算机输出的二进制信息进行高频调制，再由数据控制系统转成字符点阵。利用半导体激光器产生激光，载有字符信息的激光束经过光学系统聚焦并通过匀速旋转的、由反身镜组成的旋转扫描器反射出去。然后，再经过聚光透镜校正扫描失真。最后，激光束沿着感光鼓的轴线匀速地扫描在感光鼓上，从而形成与输入信息对应的静电潜像，这就是曝光过程。曝光后的感光鼓上记录下了一行接一行的潜像，构成负电荷阴影，在鼓面经过带正电的墨粉时，感光部分即吸附上墨粉。此时打印纸同步运动到感光鼓下方，将墨粉转印到纸上，纸上的墨粉经加热熔化，便形成永久性的字符与图形，完成整个打印过程。

3. 激光打印机的日常维护

（1）激光打印机应水平放置，摆放稳固，避免直接受阳光照射。要保证电源电压稳定，并在温度适宜和干净的环境下使用。

（2）遇到激光打印机卡纸等故障时，被卡住的纸应尽量沿纸路正方向取出。

（3）激光打印机使用一段时间后，空气中的灰尘和纸张碎屑在机器内部积聚，会对机器造成磨损，影响打印质量和打印机寿命，所以需要定时地清洁保养。

4. 激光打印机故障常见案例

（1）案例一：墨粉即将用完。

故障现象描述：打印出来的页面字符逐渐变淡，并且可隐约地见到模糊的字符。

故障分析：可能是墨粉用完了，可以通过加墨粉或换硒鼓的方式解决问题。

维修方案：取出硒鼓左右水平摇动几次，再将其装入打印机，测试故障是否消失，如果消失说明是墨粉将用完，此时需要添加墨粉或更换硒鼓。注意在更换墨粉或硒鼓时尽量采用与打印机同型号的产品，以保证输出质量。

（2）案例二：激光打印机打印乱码。

故障现象：激光打印机打印出的文件都是乱码。

故障分析：打印机驱动程序未正确安装或硬件故障。

维修方案：

1）打印机自检，判断打印机本身是否存在硬件故障。

2）检测打印机连接状态（在 DOS 命令行环境下键入 cd\，返回根目录，再键入 dir>prn 后，按"Enter"键，见图 9-22）。

图 9-22　DOS 命令环境下检测打印机连接状态

3）打印测试页，确保打印机驱动程序正确安装；若驱动程序存在问题则需要重新安装驱动程序（见图 9-23）。

图 9-23　打印测试页

（3）案例三：打印机不走纸。

故障现象：打印机不走纸或装纸后出现缺纸报警等提示。

故障分析：根据故障现象，推测原因可能是光电传感器长时间没有清洁，其表面附有纸屑、灰尘等杂物，导致不能正确感光，从而出现误报；也可能是打印纸张没有放到位导致无法进纸。

维修方案：小心地清洗一下打印机内部，清洗完毕后，再打印测试故障是否消失。

9.2.4　扫描仪的工作原理及维护

在传统的图像信息采集方面，扫描仪是较为可靠的工具。通常以纸张、胶片记录的图形、图像信息，都可以通过扫描仪扫描，然后以数字图像的形式存储到计算机内，可以对数字图像保存、处理或再以其他形式输出。

1. 扫描仪的结构

扫描仪主要由感光器件、大功率光管、驱动电动机、驱动皮带和模数转换器（A/D 转换器）构成。

2. 扫描仪的工作原理

扫描仪是一个图像信号输入设备，通过对原稿进行光学扫描，将光学图像传送到光电转换器转变为模拟信号，又将模拟信号转变成数字信号，最后通过计算机接口送至计算机中。在整个扫描过程中，电荷耦合器件（CCD）将光信号转换为电信号；A/D 转换器将模拟信号转变为数字信号。这两个器件的性能直接影响到扫描仪的整体性能。扫描仪工作流程如图 9-24 所示。

图 9-24　扫描仪工作流程图

3. 扫描仪的日常维护

扫描仪由非常精细的光学器件构成，即使十分细小的灰尘也会影响扫描效果。为确保其扫描精度，在日常使用中，应注意以下事项。

（1）扫描仪应放置在温度、湿度适宜的环境中。桌面应保持稳固，避免震动。

（2）保证安全可靠的供电。

（3）定期进行扫描仪的清洁维护。

（4）安装移动或清洁时，注意扫描仪上的锁紧装置。

4. 维修案例——OCR 识别率不高

故障描述：使用扫描仪的 OCR 功能实现一些印刷文字资料的识别时，发现识别率不太理想。

分析：分辨率设置过低。

维修方法：OCR 是一种印刷文字识别软件，它只能识别印刷体的原稿。OCR 要求文稿以黑白模式、300dpi 或更高的分辨率识别扫描。如果扫描时使用的分辨率太低，则会使文字识别率下降。

9.3 思考与习题

1．简答题

计算机硬件系统故障有哪些？

2．综合分析题

结合案例，分组模拟不同故障，分析故障，解决故障。

（1）简述引起计算机故障的常见原因。

（2）简述计算机故障处理的原则。

（3）简述如何利用加电自检诊断计算机故障。

第10章

网络常见故障的判断与排除

相关知识链接：

11.7　局域网的组成、拓扑结构及配置

11.8　Internet 接入

10.1　网络硬件故障的判断与排除

　　网络硬件故障即物理故障，指的是设备或线路损坏、插头松动、线路受到严重电磁干扰等故障。例如，网络管理人员发现网络某条线路突然中断，可以用 Ping 命令或 Fping 命令检查线路在网管中心这边是否连通。Ping 命令一次只能检测一端到另一端的连通性，而不能一次检测一端到多端的连通性，但 Fping 命令一次就可以检测多个 IP 地址，比如检测 C 类网络的整个网段地址等。另外，网络管理人员经常发现有人一次扫描本网的大量 IP 地址，这不一定就是有黑客攻击，Fping 命令也可以做到。如果连续几次使用 Ping 命令都出现"Request time out"信息，则表明网络不通。这时可以去检查端口插头是否松动，或者检查网络插头是否误接，这种情况经常是因为没有搞清楚网络插头规范或没有弄清网络拓扑结构而产生的。

　　当两个路由器直接连接时，应该让一台路由器的出口连接另一台路由器的入口，同时这台路由器的入口连接另一路由器的出口才行。当然，集线器、交换机也必须连接正确，否则也会导致网络中断。还有一些网络连接故障显得很隐蔽，要诊断这种故障没有什么特别好的工具，只能依靠经验丰富的网络管理人员进行排查。

10.2　网络软件（配置）故障的判断与排除

　　网络软件故障即逻辑故障，最常见的情况就是配置错误，指因为网络设备的配置原因而导致的网络异常或故障。配置错误可能因为路由器端口参数设置有误或路由器路由配置错误以至于路由循环或找不到远端地址，也可能因为路由掩码设置错误等所导致。比如，同样是网络中的线路故障，若线路没有流量，但又可以通过 Ping 命令检测线路的两端端口连通，这时就很有可能是路由配置错误了。遇到这种情况，通常使用"路由跟踪"（Trace-route）命令，它和 Ping 命令类似，最大的区别在于 Trace-route 是把端到端的线路按线路所经过的路由器分成多段，然后按段返回响应与延迟。如果发现在 Trace-route 命令的结果中某一段之后两个 IP 地址循环出现，这时一般就是线路远端把端口路由又指向了线路的近端，导致 IP 数据报在该线路上反复传递。Trace-route 命令可以检测到哪个路由器之前能正常响应，到哪个路由器后就不能正常响应。这时只需更改远端路由器端口配置，就能使线路恢复正常了。

另一类逻辑故障就是一些重要进程或端口关闭，以及系统的负载过高。例如，线路中断时没有流量，用 Ping 命令发现线路端口不通，检查发现该端口处于 Down 状态，这就说明该端口已经关闭，因此产生故障。这时只需重新启动该端口，就可以恢复线路的连通了。还有一种常见情况是路由器的负载过大，表现为路由器 CPU 温度太高、CPU 利用率太高及内存剩余太少等，如果因此影响网络服务质量，则最直接也是最好的办法就是更换路由器。

计算机网络管理人员在管理计算机网络的过程当中，肯定会碰到网络发生故障的情况，及时地针对故障进行判断与排除，能够避免不必要的损失，确保网络的正常运行。Windows 操作系统自带了一些网络管理工具，计算机网络管理人员可以借助这些工具快速、有效地找出故障，并且排除故障，使网络畅通。

网络故障查询经常使用的命令如下。

（1）Ping 命令。

Ping 命令是测试网络连接状况及数据包发送和接收状况非常有用的工具，是网络测试最常用的命令。Ping 命令向目标主机发送一个回送请求数据包，要求目标主机收到请求后给予答复，从而判断网络的响应时间和本机是否与目标主机连通。

如果执行 Ping 命令不成功，则可以从以下几个方面预测故障原因：网线故障；网络适配器配置不正确；IP 地址不正确。如果执行 Ping 命令成功而网络仍无法使用，那么问题很可能出在网络系统的软件配置方面，Ping 命令成功只能保证本机与目标主机间存在一条连通的物理路径。

命令格式：

Ping IP 地址或主机名[-t] [-a] [-n count] [-l size]

参数含义：

-t：不停地向目标主机发送数据。

-a：以 IP 地址格式来显示目标主机的网络地址。

-n count：指定要执行 Ping 命令的次数，具体次数由 count 来确定。

-l size：指定发送到目标主机的数据包的大小。

例如，当机器不能访问 Internet 时，应该先确认是否是本地局域网的故障。假定局域网的代理服务器 IP 地址为 101.7.8.9，可以使用"Ping 101.7.8.9"命令查看本机是否和代理服务器连通。如要测试本机的网卡是否正确安装，则常用命令是"Ping 127.0.0.1"。

（2）Tracert 命令。

Tracert 命令用来显示数据包到达目标主机所经过的路径，并显示到达每个节点的时间。Tracert 命令功能同 Ping 命令类似，但它所获得的信息要比 Ping 命令详细得多，它把数据包发送所经过的全部路径、节点的 IP、地址及花费的时间都显示出来。该命令适用于大型网络。

命令格式：

Tracert IP 地址或主机名[-d] [-h maximum_hops] [-j host_list] [-w timeout]

参数含义：

-d：解析目标主机的名字。

-h maximum_hops：指定搜索到目标地址的最大跳数。

-j host_list：按照主机列表中的地址释放源路由。

-w timeout：指定超时时间间隔，程序默认的时间单位是 ms。

例如，想要了解计算机与"www.cce.com.cn"之间详细的传输路径信息可输入命令："Tracert http://www.cce.com.cn"。

如果在 Tracert 命令后面加上一些参数，还可以检测到更详细的信息，例如使用参数-d，可以使程序在跟踪主机的路径信息时，也解析目标主机的域名。

（3）Netstat 命令。

Netstat 命令可以帮助网络管理员了解网络的整体使用情况。它可以显示当前正在活动的网络的连接信息，例如显示网络连接、路由表和网络接口信息，可以统计目前正在运行的网络连接。

该命令可以显示所有协议的使用状态，这些协议包括 TCP、UDP 及 IP 等，另外还可以选择特定的协议并查看其具体信息，还能显示所有主机的端口号及当前主机的详细路由信息。

命令格式：

Netstat [-r] [-s] [-n] [-a]

参数含义：

-r：本机路由表的内容。

-s：显示每个协议的使用状态（协议包括 TCP、UDP、IP）。

-n：以数字表格形式显示地址和端口。

-a：显示所有主机的端口号。

（4）Winipcfg 命令。

Winipcfg 命令以窗口的形式显示 IP 地址的具体配置信息，该命令可以显示网络适配器的物理地址、主机的 IP 地址、子网掩码及默认网关等，还可以查看主机名、DNS 服务器、节点类型等相关信息。其中，网络适配器的物理地址在检测网络错误时非常有用。

命令格式：

Winipcfg[/?] [/all]

参数含义：

/all：显示所有相关 IP 地址的配置信息。

/batch[file]：命令结果写入指定文件。

/renew_all：重启所有网络适配器。

/release_all：释放所有网络适配器。

/renew N：复位网络适配器 N。

/release N：释放网络适配器 N。

10.3 局域网中常见故障的解决方法

1. 无法上网

不能上网可能是由多方面原因引起的，涉及操作系统问题、网络问题、应用软件问题或硬件问题，解决起来需要有一个特定的过程。

（1）三步 Ping 命令法。

应先了解该计算机上最近都进行了哪些操作，然后再采用三步 Ping 命令法，通常能查出问题所在。

1）首先进入命令行模式，通过"Ping 127.0.0.1"来判断 TCP/IP 是否安装成功，若不通则重新安装 TCP/IP，若通则进行下一步。

2）输入"ipconfig"命令，获得本机 IP 地址及网关地址，通过"Ping 本机 IP 地址"来判断网卡是否有问题。如果不通，则需要重新安装网卡驱动程序，如果通则进行下一步。

3）通过前两步已经能够判断出本机网络协议和网卡工作正常，下面就要看故障是出在网线上，还是出在远程服务器或路由器链路上。执行"Ping 网关 IP 地址"命令，如果不通则说明问题基本出在网线上。这时应该查看 RJ-45 水晶头上是否损坏或换根网线测试一下，如果通则说明从本机到服务器或路由器远程链路连接正常，问题出在服务器或路由器的设置上，与本机无关。

另外，有的计算机采用代理服务器方式上网，浏览网页时需要通过 IE 浏览器的"工具"→"Internet 选项"→"连接"→"局域网设置"命令来填写适当的代理服务器地址及端口号。在这种情况下，"Ping 网关 IP 地址"也会通，在实际排除故障过程中要重视。

可以用 Tracert 命令来判断远程服务器或路由器链路是否有问题，因为 Tracert 命令能显示数据包到达目标主机所经过的路径，并且显示到达每个节点的时间，譬如可以使用"Tracert www.52hardware.com"命令来跟踪数据包发往"www.52hardware.com"所经过的路径，可以根据输出的"Time out"信息来判断到底是哪个节点出了问题。

（2）逐个击破法。

1）操作系统原因。

常见的系统设置方面导致网络不通的原因有如下两种：

第一种，IP 地址、DNS 服务器和网关等网络参数设置错误，IE 浏览器无法连接到服务器，需要进一步检查是否需要设置代理服务器。

第二种，Windows 2000 经常出现主域浏览器的强制重启现象。

第二种问题出现的频率比较高，在这种情况下，一台在网络中运行的主机的 Ping 命令，所得到的信息都是"Time out"，注意查看"本地连接"状态里发送和接收的数据包，接收数据始终为零。查看事件查看器，应该会出现信息来源为 Browser 的信息。这种情况可以通过更换网卡插槽来解决，不过这样做比较麻烦。可以对网卡参数进行一次还原性调整，即进入"设备管理器"，查看网卡属性，单击"高级"选项卡，更改某个属性的值，确定后再还原。例如一般选择"Linespeed"这个属性，其初始设置为"Auto Mode"，首先将其更改为"10M"，然后单击"确定"按钮，等待网卡初始化后再到这里把设置改回原来的"Auto Mode"，问题就可以解决了。

2）软件原因。

可能因为安装一些软件导致无法访问网络，这种软件主要是网络代理软件，如果以上方法不能解决问题，不妨查看一下软件列表中是否有这些软件，如果有则考虑卸载。

3）硬件原因。

查看网卡的指示灯是否处于闪烁或常亮状态，由于各种网卡指示灯状态显示方式并不相同，所以红灯并不一定代表有故障，有些网卡只有在发送数据包时指示灯才会闪亮（在早期 ISA 网上比较常见），只是单纯观察状态灯并不能确定问题出在硬件上，需要进一步的测试。用 Ping 命令测试，如果在命令执行过程中指示灯始终处于熄灭的状态，则可以初步判定是硬件问题。

检查网线，把网线接头从网卡和信息插座中拔出，插在测线器的两个插口中，打开测线器开关。如果看到左右各 8 个指示灯顺序闪亮，则表明网线通信正常，如果有某个指示灯不亮，则表明网线有问题，需要进行更换。

如果网线通信正常，则保留测线器主动部分（比较大的一半）的网线插头不动，拔下被动部分上的网线接头，插入信息插座中，打开测线器的开关。如果 8 个指示灯顺序闪亮（这种情况是 100Mbit/s 网络，如果是 10Mbit/s 网络，则只有与参与通信的四根线芯相对应的指示灯闪亮），则代表网线与交换机处于连通状态，通信正常；如果某个指示灯不亮，则一般可以判定问题出在信息插座的网络模块上，把信息插座打开取出网络模块，用打线钳重新打线即可；如果还不正常，则问题可能出在网卡或主板的网卡插槽上，关掉计算机，把网卡重新插上或更换一个插槽，开机后若故障依旧，则应尝试更换网卡。

2. 访问不了他人的计算机

（1）排除可能存在的问题。

1）查看网络属性中是否添加了 NetBEUI 协议。

2）查看需要相互访问的两台计算机上是否安装了防火墙软件导致通信不正常。

3）确认在被访问的计算机上开放了共享文件夹。

4）在计算机上检查共享文件夹的权限。

5）确定网卡与 TCP/IP 正确安装，如果本机可以上网则说明这些是正常的。

6）为自己的计算机设置合适的工作组。

（2）重新安装与配置。

如果计算机故障实在无法解决，则需要重装系统、配置网络及做好病毒防护工作。

1）增强安全性。

补丁程序十分重要，无论是黑客还是病毒程序，都觊觎着操作系统的漏洞，伺机入侵，而一些初学者往往会忽视这一点。应当更新发布的集合补丁程序，然后利用 Windows 更新页面进行更新。

2）关闭不需要的服务。

许多服务一般是用不到的，而这些服务又有可能成为黑客攻击的目标，所以最好把不用的服务关闭，例如 Messenger、Fax Service、Alerter、DHCP（如果使用固定 IP 地址，则可以考虑关闭）等服务。需注意的是，最好在了解某个服务的具体功能后再禁用，因为有些服务是系统运行必需的，或者是禁用之后无法恢复的。

3）网络设置。

DHCP 方式设置起来比较简单，只要设置好一台 DHCP 服务器，其他计算机连接到网络上开机就能自动获取 IP 地址。

如果使用的是固定 IP 地址方式，网络管理人员最好先对 IP 地址进行规划。建议划分 IP 地址区域，一是每个部门的 IP 地址段；二是部门 IP 地址扩展段，以备部门发展需求；三是临时 IP 地址段，可供临时性上网浏览。规划的同时应记录每台计算机的 MAC 地址，这些资料如果建立得比较全面，可以在发生 IP 地址冲突时迅速找到发生冲突的计算机。

4）病毒防护。

现在，恶性病毒程序不仅能够阻塞网络通信、盗取机密信息，更严重的还能对硬件造成损害，所以对病毒的防护是企业局域网安全工作的重点。

10.4　思考与习题

简答题

（1）网络故障按性质可分为哪两类？

（2）常用的网络命令有哪些？

第*11*章

<<<<<<

计算机维修与维护知识链接

11.1 常见维修术语与须知事项

（该知识点支撑第 8 章计算机软件系统维护、第 9 章计算机硬件系统维护）

在笔记本电脑中，A 壳是显示器外壳，B 壳是显示器的边框，C 壳是键盘四周外围面板，D 壳就是笔记本电脑底壳。

笔记本电脑体积小巧，内部构造非常精密。拆卸笔记本电脑是有风险的，无论哪个品牌，因自行拆卸产生的故障均不在保修范围内。

如果对要拆卸的笔记本电脑不了解，拆卸前应该先研究笔记本电脑各个部件的位置。建议拆机前查看随机带的说明手册，一般手册上都会标明各个部件的位置。少数笔记本电脑厂商的官方网站，提供拆机手册供用户下载，这些手册对拆机具有极大的帮助。

11.2 计算机故障原因

（该知识点支撑第 8 章计算机软件系统维护、第 9 章计算机硬件系统维护）

11.2.1 外部原因

计算机是一个由各种元器件、板卡和外部设备组成的精密设备。它有可能因为一些不可抗拒的外部原因导致计算机无法运行。常见的造成计算机故障产生的外部原因包括温度、灰尘、腐蚀。

1. 温度

当计算机工作时，机器内部的电子元器件会发热。如果环境温度过高，机器内部的热量因聚集而无法有效散发，高温便会产生。如果温度超过电子元器件自身所允许的温度，机器将无法正常工作，甚至会造成电子元器件的损坏。据相关统计，温度每升高 10℃，计算机的可靠性将下降 25%。尤其像中央处理器（CPU）、图形处理器（GPU）、内存（RAM）这种芯片类的部件都是会大量发热的。在计算机正常工作时，即使长时间使用电子元器件也不会损坏，因为机器内部所产生的热量都通过散热器、风扇和排气口排到了机箱外部。由于元器件在运行中产生的热量并不是均匀传导的，所以芯片的一些特定的位置温度会很高。当温度过高时，这些芯片会产生间断性的数据错误或丢失。这种影响被称为"热数据丢失"。

一般情况下，电子元件可以在低温的环境下良好地运行，但温度迅速下降时却会使金属部件产生不易处理的问题，而且温度过低还容易出现水蒸气的凝聚和结露现象。计算机从冷的环境进入温暖的环境以后，要有一个适应期才能开机，否则会产生结露现象。这些附着在电路板或元器件表面的小水珠，轻则腐蚀元器件和电路板，重则引起短路故障。

2. 灰尘

灰尘对计算机的危害很大。过多的灰尘可能阻塞 CPU 风扇，使风扇停转，造成 CPU 过热烧毁，会影响各板卡之间的接触。灰尘中的飘尘由于粒径小，表面积非常大，因此它们的吸附能力很强，可以将空气中的有害物质吸附在它们表面，呈酸性或碱性。灰尘的成分也比较复杂，它有时会提供导致降解的酸根离子和金属离子，可能造成电路板的腐蚀。

3. 腐蚀

计算机上的连接电缆和板卡的插针及集成电路芯片插针金属均有可能被腐蚀。而金属电镀的插针和插座在一定环境下也会逐渐腐蚀和脱落。常见的计算机腐蚀主要有两种类型：

（1）大气腐蚀。

大气中湿度过大，且含有酸性成分，吸附在元器件的插针表面。长时间的腐蚀会令金属表面产生锈斑。腐蚀不严重时，只会降低插针和插座的电接触性；但当腐蚀严重时，可能会造成插针和插座断裂且不可修复。

（2）氧化。

元器件的金属表面与空气中的氧气发生化学反应，生成氧化膜，从而影响金属插针与插座的接触，造成接触不良。如电触点表面出现了氧化层，随着使用时间的增加金属会慢慢损坏脱落，高温会加速这一过程。

11.2.2 硬件系统原因

除外部因素所导致的计算机故障外，计算机硬件设备本身的问题也会产生故障，因为硬件系统原因而产生的故障主要有：

1. CPU 常见故障

CPU 是计算机的核心部件，它发生故障会导致计算机不能正常启动，以及产生系统运行不稳定、运行速度缓慢或系统崩溃等现象。常见的故障及原因如下。

接触不良：由于 CPU 接触不良会导致计算机无法开机或开机后黑屏。

散热故障：CPU 在工作时会产生较大的热量，如果散热不良会导致系统崩溃、蓝屏或自动关机。

设置故障：如果 BIOS 参数设置不当，也会引起无法开机、黑屏等故障。通常是由于 CPU 的工作电压、外频或倍频等设置错误所致。

其他设备与 CPU 的工作频率不匹配：如果其他设备的工作频率和 CPU 的外频不匹配，则

CPU 的主频会发生异常，从而导致不能开机等故障。

2. 主板常见故障

主板是整个计算机系统中非常重要的部件，是一台计算机的基础部分，CPU、内存、显卡等其他配件都要安插在主板上才能进行正常的工作。另外，CPU 及总线控制逻辑、BIOS 芯片读写控制、系统时钟发生器与时序控制电路、DMA 传输与中断控制、内存及其读写控制、键盘控制逻辑、I/O 总线插槽及某些外部设备控制逻辑也都集成在主板上。因此，若主板发生故障，将会严重地影响到整个计算机系统的正常工作。

常见故障：开机无显示。原因有如下三种。

（1）因为主板扩展槽或扩展卡有问题，导致插上声卡等扩展卡后主板没有响应，从而无显示。

（2）主板无法识别内存、内存损坏或内存不匹配也会导致开机无显示故障。某些旧型号主板要求特定的内存，一旦插上主板无法识别的内存，主板就无法启动，甚至一些主板不给任何故障提示。此外，提高系统性能扩充内存时，可能会因为插上不同品牌、类型的内存出现此类故障。

（3）免跳线主板在 CMOS 里设置的 CPU 频率不对，也可能会引发开机不显示故障。

3. 内存常见故障

内存是计算机中重要的部件之一，它是与 CPU 进行沟通的桥梁。计算机中所有程序的运行都是在内存中进行的，因此内存的性能对计算机的影响非常大。内存是用于暂时存放 CPU 中的运算数据及与硬盘等外部存储器交换数据的硬件设备。因此，内存与 CPU、主板并称为主机"三大件"。

常见故障及原因如下。

（1）把内存插在其他主板上，长时间运行稳定可靠；把其他内存插在故障主板上也运行稳定可靠，没有报警声出现。但是把二者放在一起，就出现"嘀嘀"的报警声。其原因是内存与主板兼容性不好。

（2）内存插槽更换多个品牌内存都出现"嘀嘀"的报警声，偶尔有某一个内存不报警，但可能关机重启后又会报警。此类故障主要出现在低档的主板上，原因是主板的内存插槽质量低劣。

（3）在开机自检时主机能够发现内存存在错误缺陷，不能通过自检，发出"嘀嘀"的报警声。此类故障相对比较严重，可以通过把内存插在其他主机上，检查是否有同样的"嘀嘀"声来判断。其原因是内存某芯片故障。

（4）系统不稳定而产生非法错误。出现此类故障的原因一般是内存芯片质量不好或软件存在问题。

（5）注册表经常无故损坏，提示用户恢复。出现此类故障的原因一般是内存质量不佳，一般很难修复。

（6）系统经常自动进入安全模式。出现此类故障的原因一般是主板与内存不兼容或内存质量不佳，常见于内存用在某些不支持这种内存的主板上。

4. 计算机电源常见故障

计算机电源是主机运转工作的动力来源，是计算机系统中比较重要的部件。它长期工作在高压、高温的环境中，电压的波动、电流冲击、各种电源干扰都有可能对电源造成损坏。所以电源和其他元器件比较起来是容易损坏的部件。

常见故障类型一：电源无输出。

此类故障为最常见故障，主要表现为电源不工作。在确认主机电源线已连接好（有些有交流开关的电源要处于开状态）的情况下，开机无反应，显示器无显示（显示器指示灯闪烁）。无输出故障又分为以下几种。

（1）+5VSB 无输出。

在主机电源接通交流电的同时即应有正常 5V 电流输出，并为主板启动电路供电。因此，若+5VSB 无输出，则主板启动电路无法动作，即无法开机。

（2）+5VSB 有输出，但主电源无输出。

待机指示灯亮，但按下电源键后无反应，电源风扇不动。此现象代表保险丝未熔断，但主电源不工作。

（3）+5VSB 有输出，但主电源保护。

此类情况也较多发生，制造工艺或元器件早期失效均会导致此现象的产生。此现象和（2）的区别在于开机时风扇会抖动一下，即电源已有输出，但由于故障或外界因素而引发保护。为排除因电源负载（主板等）损坏短路或其他因素，可将电源从主机中拆下，将 20 芯电缆中绿色线对地短路，如电源输出正常，则可能为：

1）电源负载损坏导致电源保护，需更换损坏的电源负载；

2）电源内部异常导致保护，需更换电源；

3）电源和负载配合，兼容性不好，导致在某种特定负载下保护，此种情况需做进一步分析；

（4）电源正常，但主板未给出开机信号。

电源无输出，可通过万用表测量 20 芯电缆中绿色线对地电压是否在主机开机后下降到 0.8V 以下，若未下降或未在 0.8V 以下，可能导致无法开机。

常见故障类型二：电源有输出，但主机无法启动。

这种情况比较复杂，判定起来也比较困难，但可以从以下几个方面考虑。

（1）电源的各路输出中有一路或多路输出电压不正常，可以用万用表测试。

（2）若无 PG 信号，则测量 20 芯电缆中灰色线的电平，如果为低电平，主机将一直处于复位状态，无法启动。

（3）电源输出上升沿时序异常或和主板兼容性不好，也能导致主机无法启动，但此种情况较复杂，需借助存储示波器才可分析。

11.2.3　软件系统原因

由计算机软件系统原因而产生的故障也不少，软件系统故障通常是指由于计算机系统配置不当、计算机感染病毒或操作人员对软件使用不当等因素引起的计算机不能正常工作的故障。计算机软件故障大致分为：软件兼容故障、系统配置故障、病毒故障及操作系统故障。

1．软件兼容故障

软件兼容故障是指应用软件与操作系统不兼容或运行时与其他软件有冲突而产生的故障，如果两个不能兼容的软件同时运行，可能会终止程序的运行，严重的将会导致系统崩溃。比如杀毒软件，如果系统中存在多个杀毒软件，则很容易造成系统运行不稳定。

2. 系统配置故障

系统配置故障是指由于修改操作系统中的系统设置选项而导致的故障。

3. 病毒故障

病毒故障是指计算机中的系统文件或应用程序感染病毒而遭破坏，使计算机无法正常运行的故障。在一般情况下，计算机病毒总是依附某一系统软件或用户程序进行繁殖和扩散的，病毒发作时危及计算机的正常工作，破坏数据与程序，侵占计算机资源。计算机在感染病毒后，总是有一定规律地出现异常现象：

（1）屏幕显示异常，如显示非正常程序画面或字符串；

（2）程序装入时间变长，文件运行速度下降；

（3）用户没有访问的设备出现工作信号；

（4）磁盘出现莫名其妙的文件和坏块，卷标发生变化；

（5）系统自行引导；

（6）丢失数据或程序，文件字节数发生变化；

（7）内存空间、磁盘空间减小；

（8）异常导致系统崩溃；

（9）磁盘访问时间比平时长；

（10）系统引导时间变长。

4. 操作系统故障

操作系统故障是指误删除文件或非法关机等不当操作导致的计算机程序无法运行或计算机无法启动的故障。

11.3　计算机故障判断思路

（该知识点支撑第 8 章计算机软件系统维护、第 9 章计算机硬件系统维护）

计算机故障判断对计算机维护、维修很重要，维修人员需要有清晰的故障判断思路，对于计算机及其系统不能一出现不正常现象就大拆大卸地来找故障，应根据其运行状况、特征变化来判断故障所在。要进行故障诊断及维护、维修，首先要掌握计算机的功能和特性，要知道什么是正常状态、什么是故障状态，有一个判断标准；其次需要明白采取什么方法及获得哪些故障状态信息；最后要知道处理这些故障信息的手段和方法，这样不仅能够快速准确地解决计算机故障问题，还能够避免盲目下手。盲目下手不仅不能解决故障问题，还会进一步损坏计算机，是计算机维修、维护工作中的大忌。此外，操作人员要熟练掌握计算机维护、维修技术，这也是确保计算机维护、维修和故障判断工作能够高效、准确完成的重要保障。建议在进行故障排除时遵循以下原则：

11.3.1　先假后真

计算机故障有真故障和假故障两种。在发现计算机故障时应先确定是否为假故障，仔细观察计算机的环境，检查是否有其他电器干扰、设备之间的连线是否正常、电源开关是否打开、操作是否正确等。排除了假故障之后，才可以进行真故障的判断与处理。

11.3.2　先想后做

根据观察到的故障现象，分析产生故障的原因。先想好怎样做、从何处入手，再实际动手。

11.3.3　先软后硬

从整个故障判断的过程看，应该先判断是否为软件故障。对于不同的故障现象，分析的方法不一样。待软件问题排除后，再着手检查硬件。

11.3.4　先外后内

当故障涉及外部设备时，应先检查机箱及显示器的外部部件，特别是要检查机箱外的一些开关、旋钮是否调整了及外部的引线、插座有无断路、短路现象等，实践证明许多计算机故障都是由这些问题引起的。当确认外部设备正常时，再打开机箱或显示器进行检查。

11.3.5　先简单后复杂

在进行计算机故障诊断的过程中，应先进行简单的检查工作，如果还不能消除故障，则再进行那些比较复杂的工作。所谓简单的检查工作，是指对计算机进行观察和对周围环境进行分析。观察的具体内容包含以下几个方面：

（1）计算机周围的环境情况，包括位置、电源、连接状况、其他设备、温度与湿度等；

（2）计算机所表现出的现象、显示的内容及它们与正常情况的异同；

（3）计算机内部的环境情况，包括灰尘、连接、器件的颜色、部件的形状、指示灯的状态等；

（4）计算机的软硬件配置，包括已安装的硬件、资源的使用情况、操作系统的版本、应用软件及硬件的驱动程序版本等。

维护人员还需要观察的环境内容包括以下几个方面：首先判断在最小系统下计算机是否正常；其次判断在当前环境下没有问题的部件及疑似有问题的部件；最后在一个"干净"的系统中，添加硬件和软件来进行分析判断。从简单的事情做起，有利于集中精力进行故障的判断与定位。

11.3.6　先一般后特殊

发现计算机故障时，需要考虑具有普遍性和规律性的常见故障，思考这些故障的常见原因是什么。如果这样还不能解决问题，再考虑比较复杂的原因，以便逐步缩小故障判断范围，由面到点，缩短修理时间。如果计算机启动后显示器灯亮，但不显示图像，此时应先查看显示器的数据线是否连接正常，若连接正常则换根数据线进行尝试，也许这样就可以解决问题了。

11.3.7　主次分明

有时一台故障机不只有一个故障现象，而是有两个或两个以上的故障现象，这时，应该先判断解决主要故障。当主要故障修复后，再解决次要故障，这时次要故障可能就不再出现了。

11.4　计算机故障判断方法

（该知识点支撑第 8 章计算机软件系统维护、第 9 章计算机硬件系统维护）

掌握好了故障判断的原则后，再使用有效的故障判断方法能使工作效率大大提高，本章结合实际总结了几种相对简单有效的计算机故障判断方法。

11.4.1　清洁硬件法

对于长期使用的计算机，一旦出现故障，用户就需要考虑灰尘的问题。因为长时间的灰尘积累，会影响计算机的散热，从而引起计算机故障，所以需要保持计算机清洁。同时还要查看主板上的插针是否有发黑的现象，插针发黑是插针被氧化的表现。一旦插针被氧化，很有可能导致电路接触不良，从而引起计算机故障。在清洁硬件的过程中，应注意以下几个方面的事项。

（1）注意风扇的清洁。包括 CPU 风扇、电源风扇和显卡风扇等。在清洁风扇的过程中，可以在风扇的轴处涂抹一点钟表油，加强润滑。

（2）注意风道的清洁。清洗机箱的通风处，保证通风的畅通性。

（3）注意连接插头、座、箱、板卡金手指部分的清洁。对于"金手指"的清洁，用户可以用橡皮擦拭"金手指"部分，或者用酒精棉擦拭也可以。插头、座、槽的金属插针上的氧化部分去除方法为使用橡皮或专业的清洁剂清除表面的氧化层。

（4）注意大规模集成电路、元器件等插针处的清洁。清洁时，应用小毛刷或吸尘器等除掉灰尘，同时要观察插针有无虚焊和潮湿的现象，观察元器件是否有变形、变色或漏液现象。

（5）注意所使用的清洁工具。清洁用的工具应该是防静电的，如清洁用的小毛刷，应使用天然材料制成，禁用塑料毛刷。而且当使用金属工具进行清洁时，必须切断电源，并且对金属工具进行释放静电的处理。

（6）若硬件比较潮湿，则应想办法使其干燥后再使用。可用的工具如电风扇、电吹风等，也可让其自然风干。

11.4.2　观察法

在计算机启动之后有可能会有不显示任何信息的现象，这时候就需要对计算机进行全面及仔细的观察。观察的主要内容包括：对计算机周围的环境进行观察，也就是观察电磁干扰、静电、灰尘、振动及温度与湿度等情况；对计算机的硬件环境进行观察，也就是对硬盘内存、主板、CPU 及电源等进行观察，同时也要注意对插槽、插座及插头等进行观察；对用户开机、关机过程和习惯进行观察，用户要尽可能地避免使用各种来历不明的光盘及软盘等。除此之外，用户还要对重要的数据进行经常性的备份，对系统补丁及杀毒软件的及时更新予以充分的注意。具体的观察手段主要包括以下几种。

（1）听：监听电源风扇、硬盘电机、寻道机构、显示器变压器等设备的工作声音是否正常。另外，系统发生短路故障时常常伴随着异常声响。监听可以及时发现一些故障隐患，并且在故障发生时能够及时采取措施。

（2）看：要对元器件是否出现烧焦、变形、虚焊及脱焊的现象，数据线和接插件有没有松动及各部件是否安装到位等进行认真的观察。一般来讲，在上述这些问题存在的情况下要尽可能地避免开机，这样就能够有效防止故障范围的扩大从而避免机器报废的情况发生。除此之外，还要对各个风扇是否正常转动进行认真的检查，如 CPU 风扇不转就可能会使 CPU 具有过高的温度，最终会造成系统在运行时被迫重启。

（3）闻：如果在观察的过程中闻到焦煳的味道，必须要将电源切断，这样才能够有效地避免故障规模扩大。

（4）摸：对元器件进行触摸，如果元器件没有温度，就表明元器件没有正常工作；如果元器件具有过高的温度，就表明元器件可能有短路或过流的情况发生。

11.4.3　替换法

替换法一般考虑以下 4 点：

（1）根据故障的现象或类别来考虑需要进行替换的部件或设备。

（2）按先简单后复杂的顺序进行替换，如先内存、CPU，后主板。若要判断打印机故障，则可先考虑打印机驱动是否有问题，再考虑打印机连接线是否有故障，最后考虑打印机或并口是否有故障等。

（3）最先排查与故障部件相连接的线缆，如信号线等；然后替换可能有故障的部件；之后替换供电部件；最后替换与之相关的其他部件。

（4）从部件的故障率高低来考虑需要最先被替换的部件。故障率高的部件先进行替换。

11.4.4　拔插法

拔插法包括逐步添加和逐步去除两种方法。（详见 9.1.5 节）

11.4.5　最小系统法

最小系统是指从故障维修判断的角度上能使计算机启动或运行的最基本的硬件和软件环境。

最小系统法主要是要先确定在最基本的软件、硬件环境中，系统是否可以正常工作。如果不能正常工作，即可判定最基本的软件、硬件部件有故障，从而起到故障隔离的作用。（详见 9.1.5 节）

11.5　计算机维修与维护操作规范

（该知识点支撑第 8 章计算机软件系统维护、第 9 章计算机硬件系统维护）

掌握了判断计算机故障的方法便可以在检测时做到事半功倍，判断故障位置后就要对有问题的部件进行拆卸。拆卸时需要遵循操作规范，否则不仅不能使现有的问题得到解决，还有可能将问题扩大。所以严格按照操作规范拆装部件至关重要！

11.5.1 拆装前准备的操作规范

1．工具准备规范要点

将所需要的工具如螺丝刀、起拔器、螺钉盒、镊子等准备齐全（见图11-1）。

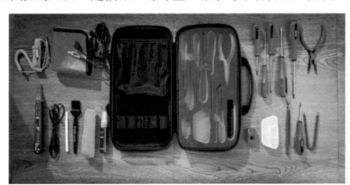

图 11-1　工具准备齐全

2．市电检测规范要点

（1）测量市电时使用万用表的交流档位。

（2）测量市电时，严禁佩戴防静电手环。

（3）测量并记录 L-N 电压、L-G 电压及 N-G 电压。

（4）每组电压测量 3 次，每次间隔 5s。

市电检测如图 11-2 所示，市电检测参考值如表 11-1 所示。

图 11-2　市电检测

表 11-1　市电检测参考值

测 量 内 容	正常值/V
火线与零线间（L-N 电压）	220±22（198～242）
火线与地线间（L-G 电压）	220±22（198～242）
零线与地线间（N-G 电压）	0～5

3. 静电防护（见图 11-3）规范要点

（1）操作人员必须佩戴防静电手环，手环必须与皮肤有良好的接触并接入可靠的防静电接地。

（2）设置独立的防静电接地（不能使用市电的接地端）。

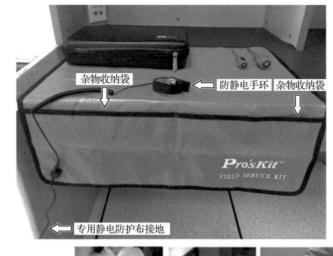

图 11-3 静电防护

4. 释放电荷规范要点

（1）断开主机与包含电源线（适配器）在内所有的外部连接线缆，笔记本电脑或其他带有电池的设备需将电池卸下。

（2）在无任何电源供应的情况下连续按动主机电源键 3 次或按住主机电源键 3s。

（3）移除主机上所有的外接设备（U 盘、软盘、MP3 等）。

切断电源的主机机箱如图 11-4 所示。

图 11-4 切断电源的主机机箱

5. 拆机确认规范要点

拆机前需要经过计算机所有者同意后，方可进行拆机。

6. 保护数据规范要点

（1）非硬盘故障或其他软件类型的故障，不对数据进行任何带有破坏性质的操作（如修改、删除、格式化等）。

（2）任何操作如果涉及数据（如一键恢复、重装系统、更换硬盘等），必须经过计算机所有者同意后方可执行。

7．保护液晶屏规范要点

（1）液晶屏拆装应使用正确的工具并轻拿轻放。

（2）笔记本电脑和一体机拆装必须使用液晶屏保护套对液晶屏进行保护（见图11-5）。

（3）拆下的液晶屏水平放置，表面严禁堆叠任何物品。

图 11-5　保护液晶屏

11.5.2　拆装中的操作规范

1．正确使用工具规范要点

（1）按照螺钉规格使用螺丝刀。

（2）起拔器与镊子使用需谨慎。

（3）拆卸盖板时可以使用撬片、撬棒辅助（见图11-6）。

图 11-6　撬片、撬棒

2．部件摆放规范要点

（1）操作桌面尺寸应在 1.5m×0.8m 以上。

（2）合理摆放拆卸下的部件，严禁任何形式的堆叠。

（3）带有电路的部件如没有特殊防护措施，必须放置在防静电袋内（见图11-7）。

图 11-7　防静电袋

（4）液晶屏、机壳水平放置。

（5）拆卸下的螺钉分类放置在螺钉盒中（见图 11-8），严禁将螺钉放置在操作桌面上。

图 11-8　螺钉盒

3. 动作标准规范要点

（1）拆装各部件的过程中要使用合适的工具。

（2）拆卸切忌使用蛮力。

（3）不恰当的操作可能会导致非正常损坏。

（4）拆装动作要规范标准（见图 11-9）。

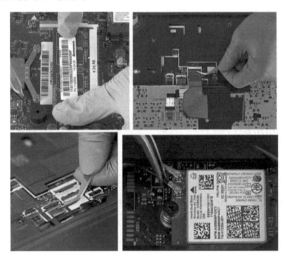

图 11-9　拆装动作

11.6　计算机维修步骤及注意事项

（该知识点支撑第 8 章计算机软件系统维护、第 9 章计算机硬件系统维护）

11.6.1　计算机维修如何着手

　　虽然计算机维修与家电维修在本质上是类似的，但对于刚刚接触这一工作的人来说仍然会在接手具体的计算机维修任务时手忙脚乱。其实，即便是有一定经验的计算机维修工程师，在遇到比较棘手的问题时也会有不知道从何处着手的问题。以下是计算机维修需要掌握的基本原则。

1．从最简单的事情做起

维修的第一要素就是做最简单的事，即从简单的事做起。

"观察"就是了解故障现象，听用户对故障进行描述，并去确认故障的关键点。

"简单的事情"一方面是指查看故障现象是否由外部环境引起，外部环境包括温度、湿度、电压、电源稳定性及功能等；另一方面就是设置一个最基本的环境条件以隔离故障，让故障现象在这个最基本的环境条件下能够复现或消失，以简化维修环境。最基本的环境条件就是具有稳定的电压、最基本配置的环境。

2．先想后做

"想"是在进行了观察之后的思考，是要"想"如何定位具体的故障部位，是要"想"对具体的故障需要什么样的知识及手头是否有足够多的相关资料。

3．先软后硬

这一原则实际上是维修判断的顺序原则。

所谓先软后硬，即是在维修判断过程中先从软件着手，在确认软件环境（或运行）正常以后，如果故障仍然存在，即可判定硬件方面可能存在问题。这一原则其实秉承了从"最简单的事情做起"的原则。从维修角度讲软件故障一般包括两方面的内容，一方面是操作方法和操作习惯不正确导致的故障，另一方面是安装在计算机中的软件程序带有病毒、软件间及软件与硬件是否兼容等因素导致的故障。软件的调整、判断的方法比较简单，因为它不需要什么工具，对工作场地也没有什么要求，只要考虑用户数据会不丢失即可。

4．先外后内

即先从简单的外部环境、外部设备进行观察和检查，确认无问题后检查内部环境与核心部件。

先外后内中的"外"，要根据实际问题来确认。有些情况下，"外"是指计算机上连接的外部设备，而大多数情况下常指计算机周边环境，如计算机工作的电压、温（湿）度、电磁干扰、振动等。

5．在维修过程中抓住主要矛盾

抓住主要矛盾，就是指在维修过程中如果出现多种故障，应先排除主要故障。当主要故障排除后，其他故障可能也就解决了。这一原则要求的就是：在维修过程中精力要完全放在主要问题上，避免次要问题干扰分析和判断。不过主要矛盾与次要矛盾有时候会相互转换。

例如，维修一台经常系统崩溃、不能发出声音的计算机，我们完全可以把系统经常崩溃作为主要故障来处理；当我们按照前面所述的分析判断方法发现安装了声卡驱动程序后仍然不能发出声音，并且系统崩溃故障也出现了，这时的主要故障就是声音问题了。当然，故障判断原则上是先软后硬，从最简单的事情做起，即先判断安装的声卡驱动程序是否正确、音箱与声卡连接是否正确，在这些正确的情况下，我们可以认为是声卡硬件有故障了。

11.6.2　了解情况

在维修前应与用户沟通，了解故障发生前后的情况并进行初步判断。如果能了解到故障发生前后尽可能详细的情况，将使现场维修效率及判断的准确性得到提高。初步判断主要包括以下内容（见图 11-10）。

图 11-10　初步判断内容

（1）具体的故障现象。

（2）在故障出现前后的操作情况。

（3）故障发生时间及发生频次。

（4）操作系统、应用软件的类型、版本等。

11.6.3　复现故障

在与用户充分沟通的情况下，观察计算机的实际操作情况及用户的操作习惯，再确认用户所报修的故障现象是否存在，并对所见现象进行初步判断，以确定下一步的操作。在这个过程中还要确认是否还有其他故障存在。复现故障内容如图 11-11 所示。

图 11-11　复现故障内容

11.6.4　判断、维修

通过对故障现象进行判断、定位，找出故障产生的原因并进行修复。

11.6.5　检验

检验是维修操作的最后一个环节，也是重要环节。在维修基本完成后，必须进行检验：确认所复现或发现的故障已得到解决，且用户的计算机不存在其他可见故障；确认计算机内部的各部件等均已安装正确、可靠，无机械变形、变色等现象；确认用户数据已正确恢复，数据没有丢失且可用；确认计算机的各部件能正常运行（见图 11-12）。

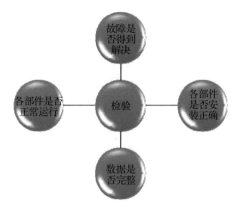

图 11-12　检验内容

11.7　局域网的组成、拓扑结构及配置

（该知识点支撑第 10 章网络常见故障的判断与排除）

11.7.1　局域网的组成

局域网（Local Area Network，LAN），是指在某一区域内由多台计算机互联成的计算机组。某一区域指的是同一办公室、同一建筑物、同一公司或同一学校等，一般是方圆几千米以内。局域网可以实现文件管理、应用软件共享、打印机共享、扫描仪共享及工作组内的日程安排、电子邮件和传真通信服务等功能。局域网是封闭的，可以由办公室内的两台计算机组成，也可以由一个公司内的上千台计算机组成。

局域网的名字本身就隐含了这种网络地理范围的局域性。由于地理范围的局限性，LAN通常要比广域网（WAN）具有高得多的传输速率。例如，LAN 的传输速率为 10Mb/s，FDDI的传输速率为 100Mbit/s，而 WAN 的主干线传输速率国内仅为 64Kbit/s 或 2.048Mbit/s，最终用户传输速率的上限通常为 14.4Kbit/s。

局域网一般为一个部门或单位所有，建网、维护及扩展等较容易，系统灵活性高。其主要特点是覆盖的地理范围较小，只在一个相对独立的局部范围内联，如一座建筑物或集中的建筑群内；使用专门的传输介质进行联网，数据传输速率高（10Mbit/s～10Gbit/s）；通信延迟时间短，可靠性较高。

局域网可以支持多种传输介质。局域网的类型很多：若按网络使用的传输介质分类，可分为有线网和无线网；若按网络拓扑结构分类，可分为总线网、星状网、环状网、树状网、混合网等；若按传输介质所使用的访问控制方法分类，又可分为以太网、令牌环网、FDDI 网和无线局域网等，其中以太网是当前应用最普遍的局域网技术。

1. **网络设备**

常见的网络设备包括传输介质、连接器件、通信设备和信息设备。

2. **传输介质**

传输介质是指在网络中传输信息的载体，是网络中发送方与接收方之间的物理通路，它对网络的数据通信具有一定的影响。常用的传输介质分为有线传输介质和无线传输介质两大类。

（1）有线传输介质。

有线传输介质是指在两个通信设备之间实现物理连接的部分，它能将信号从一方传输到另一方。有线传输介质主要有双绞线、同轴电缆和光纤。双绞线和同轴电缆传输电信号，光纤传输光信号。

1）双绞线。

双绞线简称 TP，将一对以上的双绞线封装在一个绝缘外套中，为了降低信号的干扰程度，电缆中的每一对双绞线一般是由两根绝缘铜导线相互扭绕而成的，也因此把它称为双绞线。双绞线分为非屏蔽双绞线（UTP）和屏蔽双绞线（STP）。非屏蔽双绞线价格便宜，传输速率偏低，抗干扰能力较差。屏蔽双绞线抗干扰能力较好，具有更高的传输速率，但价格相对较贵。双绞线需用 RJ-45 或 RJ-11 接口插接。市面上出售的 UTP 分为 3 类、4 类、5 类和超 5 类四种。

3 类：支持传输速率 10Mb/s，外层保护胶皮较薄，表面上注有"CAT3"。

4 类：网络中不常用。

5 类（超 5 类）：支持传输速率 100Mb/s 或 10Mb/s，外层保护胶皮较厚，表面注有"CAT5"。

超 5 类双绞线在传送信号时比普通 5 类双绞线的衰减更小，抗干扰能力更强，在 100Mb/s 的网络中，受干扰程度只有普通 5 类线的 1/4，但这类双绞线已较少应用。

STP 分为 3 类和 5 类两种，STP 的内部与 UTP 相同，外包铝箔。

双绞线一般用于星状网的布线连接，两端安装有 RJ-45 接口（水晶头），连接网络适配器与集线器，最长双绞线长度为 100m。如果要增大网络的范围，在两段双绞线之间可安装中继器，最多可安装 4 个中继器，如果安装 4 个中继器连接 5 个网段，最大传输范围可达 500m。

如果在室外就使用屏蔽双绞线；如果在室内一般使用非屏蔽 5 类双绞线，由于不带屏蔽层，线缆会相对柔软些，但其连接方法都是一样的。一般的超 5 类双绞线里都有 4 对绞在一起的细线，并用不同的颜色标明。

双绞线参照 EIA/TIA 568A 标准和 EIA/TIA 568B 标准有两种接法，具体接法如下。

EIA/TIA T568A 线序：

1　2　3　4　5　6　7　8

绿白 绿 橙白 蓝 蓝白 橙 棕白 棕

EIA/TIA T568B 线序：

1　2　3　4　5　6　7　8

橙白 橙 绿白 蓝 蓝白 绿 棕白 棕

直通线两头都按 T568B 线序标准连接。

2）同轴电缆。

同轴电缆由绕在同一轴线上的两个导体组成。具有抗干扰能力强，连接简单等特点，信息传输速率可达每秒几百兆比特，是中、高档局域网的首选传输介质（见图 11-13）。

同轴电缆由一根空心的外圆柱导体和一根位于中心轴线的内导线组成，内导线和外圆柱导体及外界之间用绝缘材料隔开。可按直径不同和传输频带不同进行分类。

按直径的不同，同轴电缆可分为粗缆和细缆两种。

粗缆传输距离长、性能好但成本高，网络安装、维护困难，一般用在大型局域网的干线上，连接时两端需要终接器。粗缆与外部收发器相连，收发器之间最小距离为 2.5m，收发器到工作站的最大距离 50m。收发器与网卡之间用 AUI 电缆相连，网卡必须有 AUI 接口（15针 D 型接口）。粗缆每段干线长度为 500m，可接入 100 个用户，采用 4 个中继器，最长可达2500m。

细缆安装较容易、造价较低，但日常维护不方便，一个用户的细缆出故障，便会影响其他用户。细缆与 BNC 网卡相连，两端装 50Ω 的终端电阻，用 T 型接口连接，T 型接口之间最小距离为 0.5m。细缆网络每段干线长度最大为 185m，每段干线最多接入 30 个用户。如果采用 4个中继器连接 5 个网段，网络最大距离可达 925m。

根据传输频带的不同，同轴电缆可分为基带同轴电缆和宽带同轴电缆两种类型。

基带同轴电缆用于传输数字信号，信号占整个信道，同一时间只能传送一种信号。

宽带同轴电缆可传送不同频率的信号。

同轴电缆需要用带 BNC 网卡的 T 型接口连接器连接。

3）光纤。

光纤又称光缆或光导纤维，由光导纤维纤芯、玻璃网层和能吸收光线的外壳组成，是由一组光导纤维组成的、用来传播光束的、细小而柔韧的传输介质。应用光学原理，由光发送机产生光束，将电信号变为光信号，再把光信号导入光纤，在另一端由光接收机接收光纤上传来的光信号，并把它变为电信号，经解码后再处理。与其他传输介质比较，光纤的电磁绝缘性能好、信号衰减小、频带宽、传输速度快、传输距离大。光纤主要用于要求传输距离较长、布线条件特殊的主干网连接。具有不受外界电磁场的影响、无限制的带宽等特点，可以实现每秒万兆位的数据传送，尺寸小、质量轻，数据可传送几百千米，但价格昂贵（见图 11-14）。

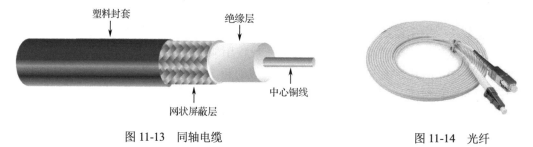

图 11-13　同轴电缆　　　　　　　　　　　　　　　图 11-14　光纤

光纤分为单模光纤和多模光纤。

单模光纤由激光作为光源，仅有一条光通路，传输距离长，为 20～120km。

多模光纤由二极管发光，低速短距离，传输距离 2km 以内。

光纤需用 ST 连接器连接。

（2）无线传输介质。

无线传输介质指我们周围的自由空间。在自由空间我们利用电磁波发送和接收信号进行通信就是无线传输。在自由空间传输的电磁波根据频谱可将其分为无线电波、微波、红外线、激光等，信息被加载在电磁波上进行传输。

1）无线电波。

无线电波是指在自由空间（包括空气和真空）传播的射频频段的电磁波。无线电技术是通过无线电波传播声音或其他信号的技术（见图 11-15）。

无线电技术的原理在于，导体中电流强弱的改变会产生无线电波。利用这一现象，通过调制可将信息加载于无线电波上。

图 11-15 无线电波

2）微波。

微波是指频率为 300MHz～300GHz 的电磁波，是无线电波中一个有限频带的简称，即波长在 1m（不含 1m）到 1mm 之间的电磁波，是分米波、厘米波、毫米波和亚毫米波的统称。微波频率比一般的无线电波频率高，通常也称为"超高频电磁波"。微波作为一种电磁波也具有波粒二象性。微波通常呈现出穿透、反射、吸收三个特性。对于玻璃、塑料和瓷器，微波基本能够穿透而不被吸收；而水和食物等就会吸收微波而使自身发热；金属类则会反射微波。微波器械如图 11-16 所示。

图 11-16 微波器械

3）红外线（见图 11-17）。

红外线是太阳光线中众多不可见光线中的一种，由德国科学家霍胥尔于 1800 年发现，又称为红外热辐射。太阳光谱中，红光的外侧必定存在看不见的光线，这就是红外线。红外线也可以当作传输媒介。太阳光谱上红外线的波长大于可见光线，波长为 0.75～1000μm。红外线可分为三部分，即近红外线，波长为 0.75～1.50μm；中红外线，波长为 1.50～6.0μm；远红外线，波长为 6.0～1000μm。

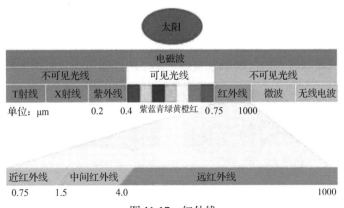

图 11-17 红外线

3. 连接器件

常见的有线传输介质连接器有：双绞线连接器，如图 11-18 所示；同轴电缆连接器，如图 11-19 所示；光纤连接器，如图 11-20 所示。

图 11-18　双绞线连接器　　　　图 11-19　同轴电缆连接器　　　　图 11-20　光纤连接器

4. 通信设备

常见的通信设备有：调制解调器、同轴电缆调制解调器、网络适配器（网卡）、集线器、交换机、路由器。

（1）调制解调器。

调制解调器（Modem）如图 11-21 所示。所谓"调制"，就是把数字信号转换成电话线上传输的模拟信号；"解调"即把模拟信号转换成数字信号，合称调制解调器。它是在发送端通过调制将数字信号转换为模拟信号，而在接收端通过解调再将模拟信号转换为数字信号的一种装置。调制解调器用于连接计算机和电话线，按安装方式分为外置式和内置式两种；按传输速率分为 28.8Kb/s、33.6Kb/s、56Kb/s 等多种类型。

图 11-21　调制解调器

（2）同轴电缆调制解调器。

同轴电缆调制解调器（Cable Modem）如图 11-22 所示，用于连接计算机和有线电视电缆。它是一种将数据终端设备（计算机）连接到有线电视网，以使用户能够进行数据通信并访问计算机网络等信息资源的设备。同轴电缆调制解调器分为对称速率型和非对称速率型两种。前者的数据上传速率和数据下载速率相同，都在 500Kbit/s～2Mbit/s 之间；后者的数据上传速率在 500Kbit/s～10Mbit/s 之间，数据下载速率范围为 2Mbit/s～40Mbit/s。由于目前应用的都是非对称速率型的同轴电缆调制解调器，因而非对称速率型的同轴电缆调制解调器占主导地位。

图 11-22　同轴电缆调制解调器

（3）网络适配器。

网络适配器（Network Adapter，NA）如图 11-23 所示，它是工作在链路层的网络组件，是局域网中连接计算机和传输介质的接口，不仅能实现与局域网传输介质之间的物理连接和信号匹配，还涉及帧的发送与接收、帧的封装与拆封、介质的访问控制、数据的编码与解码及数据缓存等功能。

图 11-23　网络适配器

网络适配器上装有处理器和存储器（包括 RAM 和 ROM）。网络适配器和局域网之间的通信是通过电缆或双绞线以串行传输方式进行的，而网络适配器和计算机之间的通信则是通过计算机主板上的 I/O 总线以并行传输方式进行的。因此，网络适配器的一个重要功能就是要进行串行/并行转换。由于网络上的数据率和计算机 I/O 总线上的数据率并不相同，因此在网络适配器中必须装有对数据进行缓存的存储芯片。

在安装网络适配器时必须将管理网络适配器的设备驱动程序安装在计算机的操作系统中。这个驱动程序以后就会告诉网络适配器应当从存储器的什么位置上将局域网传送过来的数据块存储下来。网络适配器还要能够实现以太网协议。

（4）集线器。

集线器（Hub）如图 11-24 所示，"Hub" 是 "中心" 的意思，它是指将多条以太网双绞线或光纤集合连接在同一段物理介质上的设备。集线器的主要功能是对接收到的信号进行再生整形放大，以扩大网络的传输距离，同时把所有节点集中在以它为中心的节点上。它工作于 OSI（开放系统互联）参考模型第一层，即 "物理层"。集线器与网络适配器、网线等传输介质一样，属于局域网中的基础设备，采用 CSMA/CD（即带冲突检测的载波监听多路访问）技术进行访问控制。集线器每个接口简单地收发比特数据，收到 1 就转发 1，收到 0 就转发 0，不进行冲突检测。

图 11-24　集线器

（5）交换机。

交换机（Switch）如图 11-25 所示，"Switch"意为"开关"，交换机是一种用于电（光）信号转发的网络设备。它可以为接入交换机的任意两个网络节点提供独享的电信号通路。最常见的交换机是以太网交换机，其他常见的还有电话语音交换机、光纤交换机等。

图 11-25　交换机

交换是按照通信双方传输信息的需要，用人工或设备自动完成的方法，把要传输的信息送到符合要求的相应路由上的技术的统称。交换机根据工作位置的不同，可以分为广域网交换机和局域网交换机。广域网交换机就是一种在通信系统中完成信息交换功能的设备，它应用在数据链路层。交换机有多个端口，每个端口都具有桥接功能，可以连接一个局域网、一台高性能服务器或工作站。实际上，交换机有时被称为多端口网桥。

（6）路由器。

路由器（Router）如图 11-26 所示，是连接网络中各局域网、广域网的设备，它会根据信道的情况自动选择和设定路由，以最佳路径，按前后顺序发送信号。路由器是互联网络的枢纽，也是"交通警察"。目前路由器已经广泛应用于各行各业，各种不同档次的产品已成为实现各种骨干网内部连接、骨干网间互联和骨干网与互联网互联互通业务的主力军。路由器和交换机的主要区别就是交换机在 OSI 参考模型第二层（数据链路层），而路由器在第三层，即网络层。这一区别使路由器和交换机在传输信息的过程中使用不同的控制信息，即两者实现各自功能的方式是不同的。

图 11-26　路由器

路由器又称网关设备（Gateway），用于连接多个逻辑上分开的网络，所谓的逻辑网络代表一个单独的网络或者一个子网。当数据从一个子网传输到另一个子网时，可通过路由器的路由功能来完成。因此，路由器具有判断网络地址和选择 IP 路径的功能，它能在多网络互联环境中，建立灵活的连接，可用完全不同的数据分组和介质访问方法连接各种子网，路由器只接受源站或其他路由器的信息，属于网络层的一种互联设备。

5. 信息设备

常见的信息设备有计算机、PAD、机顶盒、移动电话等。

11.7.2 局域网的拓扑结构

局域网通常是一个分布在有限地理范围内的网络系统，一般所涉及的地理范围只有几千米。局域网专用性非常强，具有比较稳定和规范的拓扑结构。常见的局域网拓扑结构如下：

1. 星形拓扑

星形拓扑结构（见图 11-27）的网络中，各工作站是以星形方式连接起来的，网络中的每一个节点设备都以中心节点为中心，通过连接线与中心节点相连。如果一个工作站需要传输数据，它首先必须通过中心节点。由于在这种结构的网络系统中，中心节点是控制中心，任意两个节点间的通信最多只需两步，所以星状网的传输速度快，并且网络结构简单、建网容易、便于控制和管理。但这种网络系统的网络可靠性低、网络共享能力差，并且一旦中心节点出现故障则全网瘫痪。

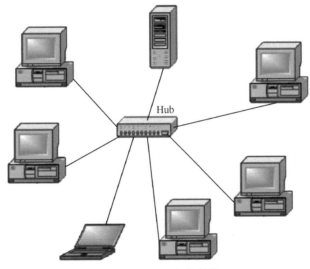

图 11-27 星形拓扑结构

2. 树形拓扑

树形拓扑结构（见图 11-28）的网络是天然的分级结构，又被称为分级的集中式网络。其特点是网络成本低，结构比较简单。在网络中，任意两个节点之间不产生回路，每个链路都支持双向传输，并且网络中节点扩充方便、灵活，寻查链路路径比较简单。

但在这种结构的网络系统中，除叶节点及其相连的链路外，任何一个工作站或链路产生的故障都会影响整个网络系统的正常运行。

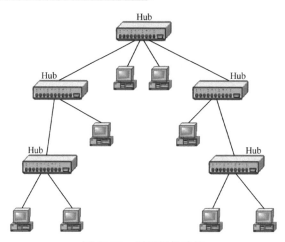

图 11-28　树形拓扑结构

3. 总线拓扑

总线拓扑结构（见图 11-29）的网络中，各个节点设备和一根总线相连接，网络中所有的节点工作站都是通过总线进行信息传输的。总线的通信连接线可以是同轴电缆、双绞线，也可以是扁平电缆。在总线拓扑结构中，作为数据通信必经的总线的负载能力是有限度的，这是由通信媒体本身的物理性能决定的。所以，总线网络中工作站节点的个数是有限制的，如果工作站节点的个数超出总线负载能力，就需要延长总线的长度，并加入相当数量的附加转接部件，使总线负载达到容量要求。总线网结构简单、灵活，可扩充性能好。所以节点设备的插入与拆除非常方便。另外，总线网络可靠性高、网络节点间响应速度快、共享资源能力强、设备投入量少、成本低、安装使用方便，当某个工作站节点出现故障时，对整个网络系统影响小。因此，总线网络是最普遍使用的一种网络。但是由于所有的工作站通信均通过一条共用的总线，所以实时性较差。

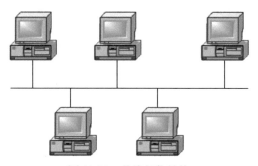

图 11-29　总线拓扑结构

4. 环形拓扑

环形拓扑结构（见图 11-30）的网络中，各节点通过一条首尾相连的通信链路连接为一个闭合环状网。环状网的结构也比较简单，系统中各工作站地位相同。系统中通信设备和线路比较节省。

在环状网中信息按固定方向单向流动，两个工作站节点之间仅有一条通路，系统中无信道选择问题，某个节点的故障将导致物理瘫痪。环状网中，由于环路是封闭的，所以不便于扩充，系统响应时间长，而且信息传输效率相对较低。

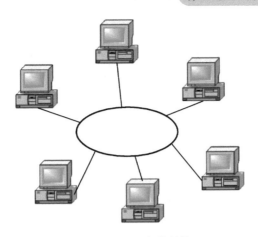

图 11-30　环形拓扑结构

11.7.3　局域网的配置

1．小型局域网组建步骤

（1）将台式计算机和打印机安装到合适的位置。

（2）把路由器 WAN 端口连接到电信或移动的网络中。

（3）台式计算机和打印复印一体机分别用网线连接到路由器的 LAN1、LAN2、LAN3 或 LAN4 接口上。

（4）配置路由器。

2．计算机终端一的 IP 地址配置

打开局域内一台计算机，打开"Internet 协议版本 4（TCP/IPv4）属性"对话框配置 IP 地址 IP 为 192.168.1.2，子网掩码为 255.255.255.0，网关为 192.168.1.1，单击"确定"按钮保存（见图 11-31）。

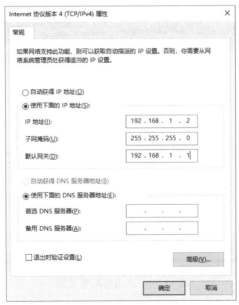

图 11-31　计算机终端一的 IP 地址配置

3. 路由器的配置

（1）启动浏览器 Internet Explorer，在地址栏输入"http://192.168.1.1/"，按"Enter"键打开路由器"需要进行身份验证"对话框（见图 11-32）。

图 11-32　打开"需要进行身份验证"对话框

（2）输入用户名、密码进入配置页面（见图 11-33）。通常路由器默认的登录用户名与密码都是"admin"。

图 11-33　路由器配置页面

（3）在路由器配置页面左侧的导航栏中找到"设置向导"并单击鼠标左键。设置向导会帮助我们一步一步地进行路由器设置、开启路由器功能（见图11-34）。

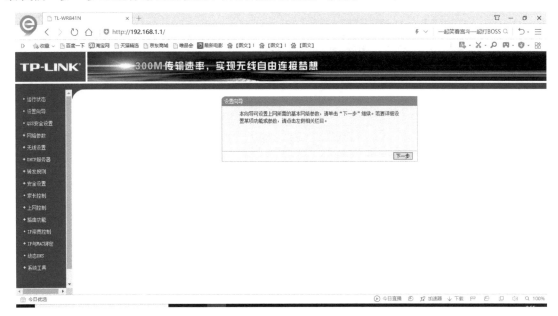

图11-34 路由器"设置向导"

（4）电信、移动、联通宽带用户的"上网方式"选择"PPPoE（ADSL 虚拟拨号）"（见图11-35）。

图11-35 选择"上网方式"

（5）填入已经获得的上网账号和口令（见图 11-36）。

图 11-36　ADSL 上网账号和口令设置

（6）在路由器的"无线设置"界面上设置基本参数和安全密码时，无线状态设置为"开启"；SSID 就是用户连接无线网显示的账号，可以用默认的账号，也可以由用户设置；信道设置为"自动"；模式设置为"11bgn mixed"；频段宽带设置为"自动"。最重要的一项是"PSK 密码"的设置，如果用户不设置 PSK 密码，周围的人搜到该无线信号就可以免费使用，会影响网速。密码长度要设置 8 位以上，最好是字母加数字的形式（见图 11-37～图 11-39）。

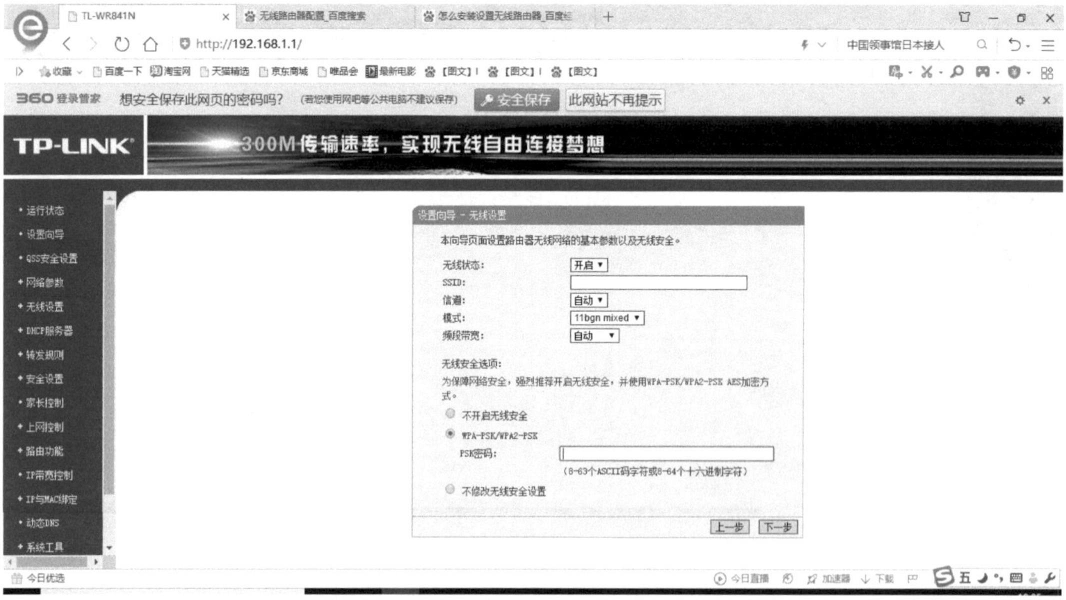

图 11-37　"无线设置"界面

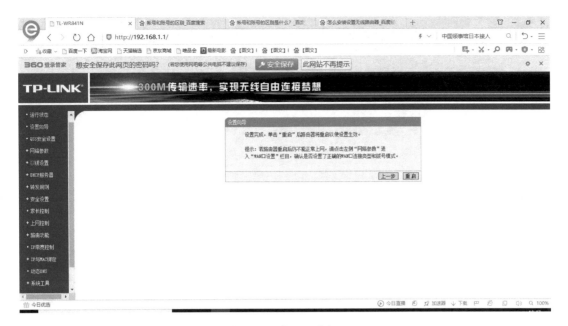

图 11-38　确认"重启"

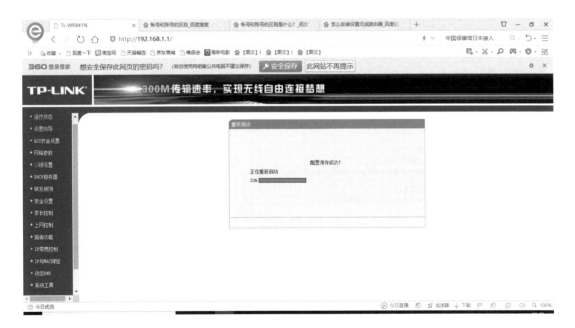

图 11-39　"重新启动"进度

（7）关掉路由器配置页面即可上网，局域网上的其他计算机同时也能上网。

4．计算机终端二的 IP 地址配置

（1）启动计算机，在 Windows 10 桌面上右击"网络"图标，单击"属性"选项（见图 11-40）。

图 11-40　网络"属性"选项

（2）单击"更改适配器设置"链接（见图 11-41）。

图 11-41　"更改适配器设置"链接

（3）进入"网络连接"界面后，找到"以太网"图标，在该图标上单击鼠标右键，单击快捷菜单中的"属性"选项（见图 11-42）。

（4）打开"WLAN 属性"对话框后，在"此连接使用下列项目"中找到"Internet 协议版本 4（TCP/IPv4）"，双击该项目或者选中该项目后单击"属性"按钮（见图 11-43）。

（5）在新弹出的"Internet 协议版本 4（TCP/IPv4）属性"对话框上，单击"使用下面的 IP 地址"和"使用下面的 DNS 服务器地址"前面的单选框，输入 IP 地址和 DNS 服务器地址后，单击"确定"按钮（见图11-44）。

图11-42 以太网"属性"选项

图11-43 "WLAN属性"对话框

图11-44 IP地址和DNS服务器地址设置

（6）设置完成后，打开命令提示符窗口，在窗口中输入"ipconfig -a"后按"Enter"键来查看IP地址是否生效。

5. 文件共享设置

我们以Windows 10为例介绍计算机文件共享的设置步骤。

（1）右击桌面"网络"图标，单击"属性"选项，在打开的"网络和共享中心"界面中，单击"更改高级共享设置"链接（见图11-45）。

图 11-45 "更改高级共享设置"链接

（2）接着在"高级共享设置"界面中，单击"启用网络发现"单选框（见图 11-46）。

图 11-46 启用网络发现

（3）打开"所有网络"列表，拖动滚动条到最后找到并选中"关闭密码保护共享"单选框，单击"保存更改"按钮（见图 11-47）。

图 11-47　关闭密码保护共享

（4）鼠标右击桌面上的"此电脑"图标，在快捷菜单中单击"管理"选项，进入"计算机管理"界面（见图 11-48）。

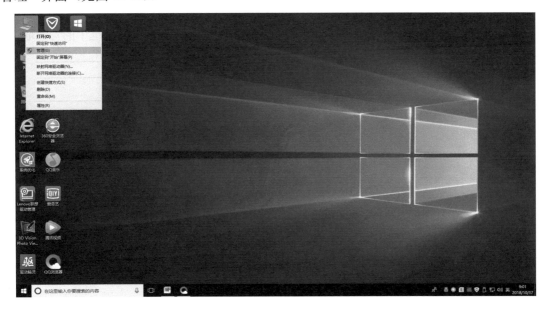

图 11-48　此计算机"管理"选项

（5）单击左侧"系统工具"图标展开列表，在"本地用户和组"中单击"用户"选项（见图 11-49）。

图 11-49 "用户"选项

（6）双击中间窗格中的"Guest"列表项，将"账户已禁用"前面的复选框中的勾选取消，单击"确定"按钮启用来宾用户（见图 11-50）。

图 11-50 启用来宾用户

（7）在桌面下方搜索栏输入"gpedit.msc"命令，进入"本地组策略编辑器"界面（见图 11-51、图 11-52）。

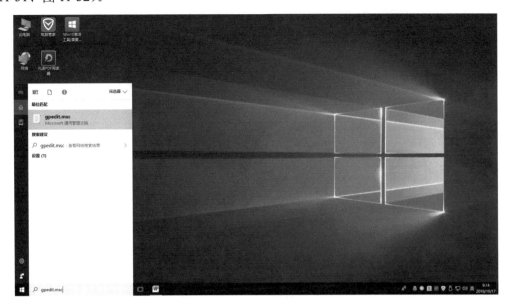

图 11-51 输入"gpedit.msc"命令

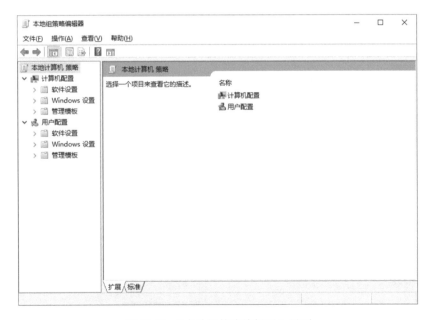

图 11-52 "本地组策略编辑器"界面

（8）按"计算机配置"→"windows 设置"→"安全设置"→"本地策略"→"用户权限分配"顺序进入"用户权限分配"界面（见图 11-53）。

（9）双击右侧窗格中的"从网络访问此计算机"策略（见图 11-53），在弹出的"从网络访问此计算机 属性"对话框中，单击"添加用户或组"按钮（见图 11-54），在"选择用户或组"对话框中，单击"高级"按钮（见图 11-55），在展开的内容中单击"立即查找"按钮（见图 11-56），在搜索结果中找到"Guest"，将其选中并确定（见图 11-57）。

图 11-53 "用户权限分配"界面

图 11-54 添加用户或组

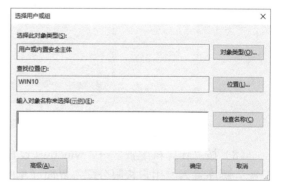

图 11-55 "选择用户或组"对话框

图 11-56　查找 Guest 账户　　　　　　　　　图 11-57　"确定"Guest 的访问权限

（10）回到"本地组策略编辑器"界面的用户权限分配策略选择中，双击打开"拒绝从网络访问此计算机 属性"对话框，选中"Guest"账户并单击"删除"按钮（见图 11-58～图 11-60）。

图 11-58　找到"拒绝从网络访问此计算机"策略

图 11-59 "拒绝从网络访问此计算机 属性"对话框

图 11-60 删除 Guest 账户

（11）找到需要共享的文件夹，右击该文件夹选择"属性"选项，打开"属性"对话框（见图 11-61）。

图 11-61 "属性"选项

（12）单击"共享"选项卡，再单击"高级共享"按钮（见图 11-62）。

图 11-62 单击"高级共享"按钮

（13）在"高级共享"对话框中勾选"共享此文件夹"的复选框并单击"权限"按钮进行权限设置，确定后退出（见图 11-63、图 11-64）。

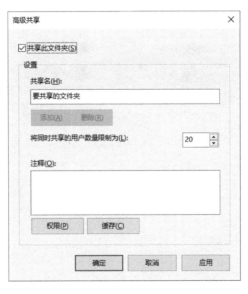

图 11-63 勾选"共享此文件夹"前的复选框并单击"权限"按钮

图 11-64　权限设置

（14）用另外一台局域网中的计算机打开资源管理器中的"网络"文件夹，就可以看到共享文件夹的计算机列表，单击共享文件的计算机图标，在"Windows 安全性"对话框中输入凭据（用户名和密码），就可以访问共享的文件夹了（见图 11-65～图 11-67）。

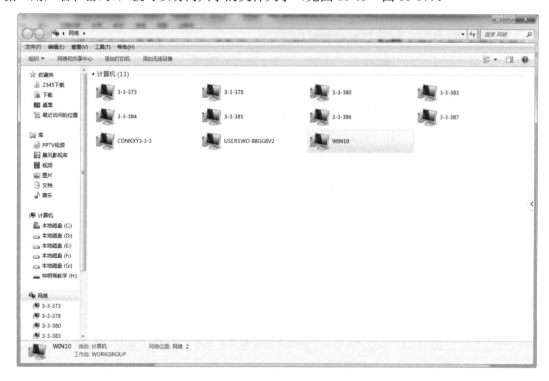

图 11-65　共享文件夹的计算机列表

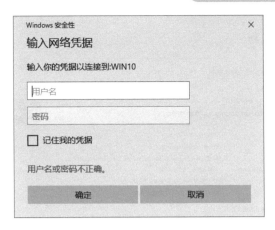

图 11-66 "Windows 安全性"对话框

图 11-67 访问共享文件夹

6. 网络共享打印机设置

办公一般都会用到打印机这个外部设备，那么在一个局域网中，怎样
设置才能达到打印机资源共享呢？下面以 Windows 10 为例，讲述怎样设置
打印机共享。

（1）将局域网内所有计算机设置为同一个工作组。

在桌面上右击"此计算机"图标，在弹出的快捷菜单上单击"属性"选项，在"系统"界
面中，单击"更改设置"链接对计算机名、域和工作组进行设置，将工作组统一修改为
WorkGroup，"系统"界面如图 11-68 所示。

图 11-68 "系统"界面

（2）检查打印机需要的服务。

右击桌面"此计算机"图标，在快捷菜单上单击"管理"选项，进入"计算机管理"界面，在左侧导航栏中展开"服务和应用程序"，单击"服务"选项，设置 Server 服务、Print Spooler 服务、Workstation 服务、SSDP Discovery 服务为自动启动并启动，重启计算机，如图 11-69 所示。

图 11-69 "计算机管理"→"服务和应用程序"→"服务"

（3）设置共享目标打印机。

打开"控制面板"，单击"查看设备和打印机"命令，在"设备和打印机"窗口中找到想共享的打印机（前提是打印机已正确连接，驱动程序已正确安装），在该打印机图标上单击鼠标右键，选择"打印机属性"选项如图11-70所示。

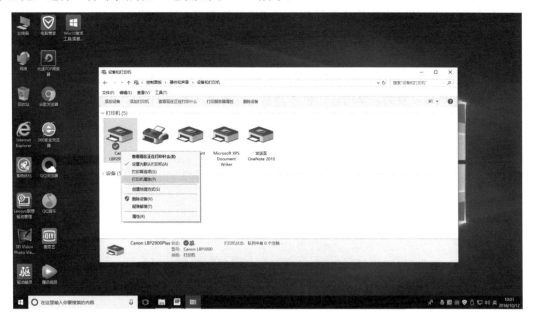

图 11-70　"打印机属性"选项

切换到"共享"选项卡，勾选"共享这台打印机"前的复选框，并且设置一个共享名（请记住该共享名，后面的设置可能会用到），设置共享打印机属性如图11-71所示。

图 11-71　设置共享打印机属性

（4）在其他计算机上添加目标打印机。

此步操作是在局域网内的其他需要共享打印机的计算机上进行的。以 Windows 10 为例进行介绍，添加打印机的方法有多种，这里介绍其中的两种。

第一种方法：

1）打开资源管理器的网络文件夹，找到安装了打印机的计算机，双击该计算机图标输入用户名和密码后就可以看到共享的打印机和共享文件列表（见图 11-72、图 11-73）。

图 11-72　输入用户名和密码

图 11-73　共享打印机和共享文件列表

2）双击打印机图标，Windows 操作系统会自动安装打印机驱动程序（见图 11-74）。

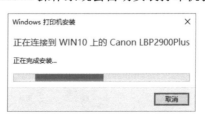

图 11-74　打印机驱动程序安装

3）安装完成后进入"控制面板"界面，打开"设备和打印机"窗口，右击新添加的网络打印机图标，将该打印机设置为默认打印机，这样网络打印机就添加完成了（见图 11-75）。

图 11-75　网络打印机添加完成

第二种方法：

1）进入"控制面板"界面，打开"设备和打印机"窗口，单击"添加打印机"选项（见图 11-76）。

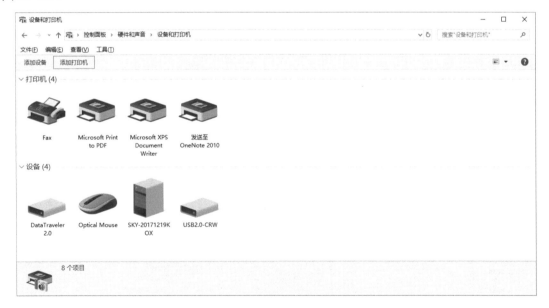

图 11-76　"控制面板"→"设备和打印机"→"添加打印机"

2）系统开始搜索可使用的打印机，由于网络打印机有很大一部分是搜索不到的，所以建议不要在这里等待，单击"我所需的打印机未列出"链接（见图 11-77）。

图 11-77　单击"我所需的打印机未列出"链接

3）选择"按名称选择共享打印机"，单击"浏览"按钮（见图 11-78）。

图 11-78　按名称选择共享打印机

4）从网络目录中显示连接了共享打印机的计算机（见图 11-79），后面的操作同第一种方法一样。

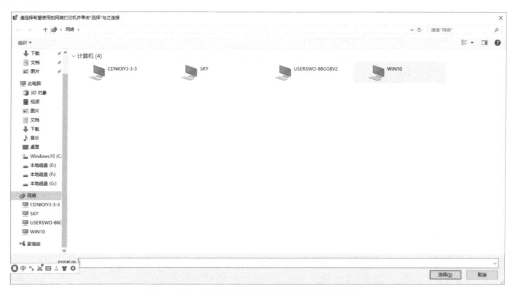

图 11-79　连接了共享打印机的计算机列表

11.8　Internet 接入

（该知识点支撑第 10 章网络常见故障的判断与排除）

互联网在现实生活中应用很广泛，我们可以利用互联网聊天、玩游戏、查阅东西等，更为重要的是今天我们可以通过网络进行广告宣传和购物。互联网给我们的现实生活带来了很大的方便，我们可以在数字知识库里寻找自己学业上、事业上所需的知识，从而帮助我们的工作与学习。

局域网接入 Internet 有多种方式，不同的方式所适用的网络规模、技术特点、投资成本、安全性能各有不同。在需求分析之后，需要选择一种合适的接入方式接入 Internet。

因特网服务提供商（Internet Service Provider，ISP），能提供拨号上网服务及网上浏览、下载文件、收发电子邮件等服务，是网络最终用户进入 Internet 的入口和桥梁。它包括 Internet 接入服务和 Internet 内容提供服务。

国内三大 ISP 供应商提供的服务：

中国电信，拨号上网、ADSL、1X、CDMA1X，EVDO rev.A、FTTx；

中国移动，GPRS 及 EDGE 无线上网、TD-SCDMA 无线上网及一少部分 FTTx；

中国联通，GPRS、W-CDMA 无线上网、拨号上网、ADSL、FTTx。

11.8.1　Internet 连接方式介绍

1. 常见的 Internet 连接方式

目前，连接 Internet 的方式有很多种，并且还存在个人（家庭）用户和企业组用户之分。企业组用户是以局域网或广域网规模接入到 Internet 的，其接入方式多采用专线入网。而个人用户一般都采用调制解调器拨号上网，还可以使用 ISDN 线路、ADSL 技术、Cable Modem、掌上计算机及手机上网。

用户采用何种方式上网，主要看其自身是否有此需要及本身的经济能力强弱。企业级用户可以使用个人用户的入网方案，例如利用 ISDN 专线入网；而个人用户也可以使用企业级用户的入网方案。

2. 选择因特网服务提供商（ISP）

无论是拨号上网，还是专线入网，首先要获得 Internet 账号。此外，ISP 的好坏将直接影响到用户的上网连接质量，特别是目前 ISP 日益增多，用户更应慎重，要多方了解比较后，再从中选择较理想的 ISP。

那么，如何从众多的 ISP 中选择既有良好的服务，又有很高的连接速度，同时在价格上又具有优势的 ISP 呢？选择 ISP 通常应考虑如下因素：

（1）网络拓扑结构；

（2）主干线传输速率；

（3）网络技术力量；

（4）服务、价格。

11.8.2　局域网接入 Internet 方式

对于拥有十几台或更多计算机组成的局域网，如果希望局域网上的所有用户都能同时访问 Internet，那么可以将此局域网接入 Internet。

将局域网接入 Internet 就是将局域网中的一台计算机接入 Internet，然后其他用户共享上网。在 P2P 局域网中，可以选择任何一台计算机接入 Internet；在 C/S 局域网中，接入 Internet 的计算机通常是网络服务器。

接入 Internet 的计算机可以使用 Windows 操作系统中的"Internet 连接共享"允许其他用户共享上网；也可以使用相应的软件将自己配置成代理服务器，其他用户通过代理服务器上网。前一种共享方式一般适用于 P2P 网络，而后一种共享方式则一般适用于 C/S 网络。

局域网接入 Internet 的方式：

（1）局域网拨号入网：局域网拨号入网有两种形式，即 Modem 拨号入网和 ISDN 拨号入网。由于 ISDN 传输速度快，所以局域网采用 ISDN 拨号入网方式的居多。

（2）ADSL 宽带入网。

（3）专线入网。

（4）使用 Internet 连接共享（ICS）。

（5）网络地址转换。

11.8.3　宽带连接的建立

系统要想连接网络，就必须要创建宽带连接，那么 Windows 10 的宽带连接如何建立呢？我们简单介绍如下。

（1）找到桌面上的"网络"图标，右击图标，在快捷菜单上选择"属性"选项（见图 11-80）。

图 11-80　网络"属性"选项

（2）在"网络和共享中心"界面上单击"设置新的连接或网络"链接（见图 11-81）。

图 11-81 "网络和共享中心"界面

（3）选择"连接到 Internet"选项，然后单击"下一步"按钮（见图 11-82）。

图 11-82 连接到 Internet

（4）在"连接到 Internet"对话框里单击"设置新连接"命令（见图 11-83）。

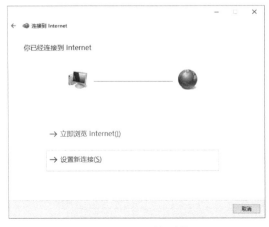

图 11-83 设置新连接

（5）接着单击"宽带 PPPoE"选项（见图 11-84）。

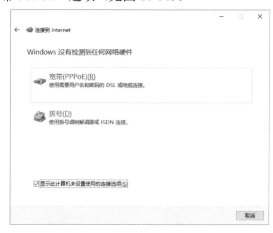

图 11-84　单击"宽带 PPPOE"选项

（6）最后输入用户名和密码，然后单击"连接"按钮（见图 11-85）。

图 11-85　输入用户名和密码

（7）系统提示连接进度，等待网络设置完毕（见图 11-86）。

图 11-86　提示连接进度

（8）Internet 宽带连接建立完成后，在"网络连接"界面上可以看到我们刚刚创建的宽带连接（见图 11-87）。可以新建快捷方式，以便以后快速上网。

图 11-87 宽带连接建立完成

11.9 思考与习题

简答题

（1）计算机软件系统故障有哪些？

（2）什么是局域网？

（3）网络传输介质有哪些？

（4）常见的通信设备有哪些？分别说明其功能。

（5）网络拓扑结构有哪几种？

（6）Internet 接入通常应考虑的因素有哪些？

（7）局域网接入 Internet 的方式有哪些？

（8）常见的导致计算机故障产生的外部因素有哪些？

（9）计算机系统故障排除时应遵循什么原则？

（10）按照先简单后复杂原则判断故障时一般要先观察哪些内容？

（11）常用的故障判断方法有哪些？

（12）拆装过程中的操作规范有哪些？

附录

计算机（微机）维修工国家职业标准、思考与习题参考答案

● 导读

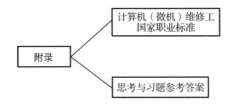

附录A

计算机（微机）维修工国家职业标准

1 职业概况

1.1 职业名称

计算机（微机）维修工。

1.2 职业定义

对计算机（微机）及外部设备进行检测、调试和维护修理的人员。

1.3 职业等级

本职业共设三个等级，分别为初级（国家职业资格五级）、中级（国家职业资格四级）、高级（国家职业资格三级）。

1.4 职业环境

室内、常温。

1.5 职业能力特征

具有一定分析、判断和推理能力，手指、手臂灵活，动作协调。

1.6 基本文化程度

高中毕业。

1.7 培训要求

1.7.1 培训期限

全日制职业学校教育，根据其培养目标和教学计划确定。晋级培训期限：初级不少于180标准学时；中级不少于180标准学时；高级不少于180标准学时。

1.7.2 培训教师

应具有较为丰富的计算机专业知识、实际操作经验及教学能力；培训初、中级人员的教师应具有高级职业资格证书或具有本职业中级专业技术职称；培训高级人员的教师应取得高级职业资格证书2年以上或具有本职业高级专业技术职称。

1.7.3 培训场地设备

有可容纳20名以上学员的教室，应有满足一人一机原则的微型计算机房和相关教学实验设备。

1.8 鉴定要求

1.8.1 适用对象

从事或准备从事计算机维修工作的人员。

1.8.2 申报条件

初级（具备以下条件之一者）：

（1）经本职业初级正规培训达到规定标准学时数，并取得毕（结）业证书。

（2）在本职业连续见习工作 2 年以上。

中级（具备以下条件之一者）：

（1）取得本职业初级职业资格证书后，连续从事本职业工作 3 年以上，经本职业中级正规培训达到规定标准学时数，并取得毕（结）业证书。

（2）取得本职业初级职业资格证书后，连续从事本职业工作 5 年以上。

（3）取得经劳动保障行政部门审核认定，以中级技能为培养目标的中等以上职业学校本职业毕业证书。

高级（具备以下条件之一者）：

（1）取得本职业中级职业资格证书后，连续从事本职业工作 3 年以上，经本职业高级正规培训达到规定标准学时数，并取得毕（结）业证书。

（2）取得本职业中级职业资格证书后，连续从事本职业工作 7 年以上。

（3）取得高级技工学校或经劳动保障行政部门审核认定的以高级技能为培养目标的高等职业学校本职业毕业证书。

（4）取得本职业中级职业资格证书的电子计算机类专业大专及以上毕业生，且连续从事电子计算机维修工作 2 年以上。

1.8.3 鉴定方式

鉴定方式分为理论知识考试和技能操作考核两门，理论知识考试采用闭卷笔试，技能操作考核采用现场实际操作方式进行。两门考试（核）均采用百分制，皆达 60 分以上者为合格。

1.8.4 考评人员和考生的配比

理论知识考试 1：20；技能操作考核 1：5。

1.8.5 鉴定时间

各等级的理论知识考试为 60 分钟；各等级技能操作考核为 90 分钟。

1.8.6 鉴定场所设备

理论知识考试为标准教室；技能操作考核考场为计算机房（至少 5 套考试设备，另有至少 2 套备用设备）。

2 基本要求

2.1 职业道德

2.1.1 职业道德基本知识

2.1.2 职业守则

（1）遵守国家法律法规和有关规章制度；

（2）爱岗敬业、平等待人、耐心周到；

（3）努力钻研业务，学习新知识，有开拓精神；

（4）工作认真负责，吃苦耐劳，严于律己；

（5）举止大方得体，态度诚恳。

2.2 基础知识

2.2.1 基本理论知识

（1）微型计算机基本工作原理：

① 电子计算机发展概况；

② 数制与编码基础知识；

③ 计算机基本机构与原理；

④ DOS、Windows 基本知识；

⑤ 计算机病毒基本知识。

（2）微型计算机主要部件知识：

① 机箱与电源；

② 主板；

③ CPU；

④ 内存；

⑤ 硬盘、软盘、光盘驱动器；

⑥ 键盘和鼠标；

⑦ 显示适配器与显示器。

（3）微型计算机扩充部件知识：

① 打印机；

② 声音适配器和音箱；

③ 调制解调器。

（4）微型计算机组装知识：

① CPU 安装；

② 内存安装；

③ 主板安装；

④ 板卡安装；

⑤ 驱动器安装；

⑥ 外部设备安装；

⑦ 整机调试；

（5）微型计算机检测知识：

① 常用维护测试软件；

② 加电自检程序；

③ 硬件代换法；

④ 常用仪器仪表功能和使用知识。

（6）微型计算机维护维修知识：

① 硬件替换法；

② 功能替代法；

③ 微型计算机维护常识。

（7）计算机常用专业词汇。

2.2.2 法律知识

《价格法》、《消费者权益保护法》和《知识产权法》中有关法律法规条款。

2.2.3 安全知识

电工电子安全知识。

3 工作要求

本标准对初、中、高级的技能要求依次递增，高级别包含了低级别的要求。

3.1 初级（见表 A-1）

表 A-1 初级维修工的工作要求

职 业 技 能	工 作 内 容	技 能 要 求	相 关 知 识
一、故障调查	（一）客户接待	1. 做到态度热情，礼貌周到 2. 了解客户描述的故障症状 3. 了解故障机工作环境 4. 介绍服务项目及收费标准 5. 做好上门服务前的准备工作	1. 常见故障分类 2. 常见仪器携带方法
	（二）环境检测	1. 检测环境温度与湿度 2. 检测供电环境电压	1. 温、湿度计使用方法 2. 万用表使用方法
二、故障诊断	（一）验证故障机	1. 确认故障现象 2. 得出初步诊断结论	整机故障检查规范流程
	（二）确定故障原因	1. 部件替代检查 2. 提出维修方案	主要部件检查方法
三、故障处理	（一）部件维护	1. 维护微机电源 2. 维护软盘驱动器 3. 维护光盘驱动器 4. 维护键盘 5. 维护鼠标 6. 维护打印机 7. 维护显示器	1. 微机电源维护方法 2. 软盘驱动器维护方法 3. 光盘驱动器维护方法 4. 键盘维护方法 5. 鼠标维护方法 6. 打印机维护方法 7. 显示器维护方法
	（二）部件更换	1. 更换同型电源 2. 更换同型主板 3. 更换同型 CPU 4. 更换同型内存 5. 更换同型显示适配器 6. 更换同型声音适配器 7. 更换同型调制解调器	微机组装程序知识
四、微机系统调试	（一）设置 BIOS	1. BIOS 标准设置 2. 启动计算机	1. BIOS 基本参数设置 2. 计算机自检知识
	（二）系统软件调试	利用操作系统验证计算机	使用操作系统基本知识
五、客户服务	（一）故障说明	1. 填写故障排除单 2. 指导客户验收计算机	计算机验收程序
	（二）技术咨询	1. 指导客户正确操作微机 2. 向客户提出工作改进建议	1. 安全知识 2. 计算机器件寿命影响因素知识

3.2 中级（见表 A-2）

表 A-2　中级维修工的工作要求

职 业 功 能	工 作 内 容	技 能 要 求	相 关 知 识
一、故障调查	（一）客户接待	1. 引导客户对故障进行描述 2. 确定故障诊断初步方案	1. 硬故障现象分类知识 2. 故障常见描述方法
	（二）环境检测	1. 检测供电环境稳定性 2. 检测环境粉尘、振动因素	1. 供电稳定性判断方法 2. 感官判断粉尘、振动知识
二、故障诊断	（一）验证故障机	正确得出诊断结论	故障部位检查流程
	（二）确定故障原因	部件替换检查	部件功能替换知识
三、故障处理	（一）部件常规维修	1. 维修微机电源 2. 维修软盘驱动器 3. 维修光盘驱动器 4. 维修键盘 5. 维修鼠标	1. 微机电源常规维修方法 2. 软盘驱动器常规维修方法 3. 光盘驱动器常规维修方法 4. 键盘常规维修方法 5. 鼠标常规维修方法
	（二）部件更换	1. 更换同型主板 2. 更换同型 CPU 3. 更换同型内存 4. 更换同型显示适配器 5. 更换同型声音适配器 6. 更换同型调制解调器	1. 接口标准知识 2. 部件兼容性知识 3. 主板跳线设置方法
四、微机系统调试	（一）设置 BIOS	BIOS 优化设置	BIOS 优化设置方法
	（二）清除微机病毒	1. 清除文件型病毒 2. 清除引导型病毒	1. 病毒判断方法 2. 杀毒软件使用方法
	（三）系统软件调试	1. 安装操作系统 2. 安装设备驱动程序 3. 软件测试计算机部件	1. DOS、Windows 安装方法 2. 驱动程序安装方法 3. 测试软件使用方法
五、客户服务	（一）故障说明	向客户说明故障原因	计算机自检程序知识
	（二）技术咨询	指导客户预防计算机病毒	病毒防护知识

3.3 高级（见表 A-3）

表 A-3　高级维修工的工作要求

职 业 功 能	工 作 内 容	技 能 要 求	相 关 知 识
一、故障调查	（一）客户接待	引导客户对故障进行描述	综合故障分类知识
	（二）环境检测	1. 检测供电环境异常因素 2. 检测电磁环境因素	1. 供电质量判断方法 2. 电磁干扰基础知识
二、故障诊断	（一）验证故障机	准确得出诊断结论	故障快捷诊断方法
	（二）确定故障原因	部件测量检查	1. 通断测试器使用方法 2. 逻辑探测仪使用方法
三、故障处理	（一）部件维修	1. 维修不间断电源 2. 维修显示器 3. 维护打印机	1. UPS 电源常规维修知识 2. 显示器常规维修知识 3. 打印机常规维修
	（二）部件更换	1. 升级主板 2. 升级 CPU	微机硬件综合性能知识

职 业 功 能	工 作 内 容	技 能 要 求	相 关 知 识
三、故障处理	（二）部件更换	3．升级内存 4．升级显示适配器 5．升级声音适配器 6．升级调制解调器	微机硬件综合性能知识
四、微机系统调试	（一）设置 BIOS	升级 BIOS	BIOS 升级方法
	（二）清除微机病毒	清除混合型病毒	杀毒软件高级使用方法
	（三）系统软件调试	优化操作系统平台	1．整机综合评价知识 2．端口设置知识
五、客户服务	（一）故障说明	能向客户说明排除故障方法和过程	微机部件故障知识
	（二）技术咨询	能向客户提出环境改进建议	微机部件工作环境要求
六、网络基础	建立计算机局域网	建立基本网络	网络基础知识
七、工作指导	（一）培训维修工	1．微机知识培训 2．微机维修能力	1．教学组织知识 2．实验指导知识
	（二）指导维修工工作	1．故障现象技术分析 2．故障排除技术指导	1．微机软硬件故障分类知识 2．故障排除方法

4 比重表（见表 A4-4、表 A-5）

表 A-4　理论知识比重表

项　目			初　级	中　级	高　级
基本要求	职业道德		4	3	—
	基础知识	1．基本理论知识	40	30	20
		2．法律知识	3	3	—
		3．安全知识	3	3	—
相关知识	一、故障调查	1．顾客接待	3	2	—
		2．环境检测	3	2	2
	二、故障诊断	1．验证故障机	4	4	2
		2．确定故障原因	15	20	20
	三、故障处理	1．部件维修	3	10	20
		2．部件更换	10	10	10
	四、微机系统调试	1．设置 BIOS	3	3	5
		2．清除微机病毒	—	2	2
		3．系统软件调试	4	4	5
	五、客户服务	1．故障说明	3	2	2
		2．技术咨询	2	2	2
	六、网络基础	建立计算机局域网	—	—	2
	七、工作指导	1．培训维修工	—	—	4
		2．指导维修工工作	—	—	4
合计			100	100	100

表 A-5 技能操作比重表

项　　目			初　级	中　级	高　级
工作要求	一、故障调查	1. 顾客接待	10	5	5
		2. 环境检测	5	5	5
	二、故障诊断	1. 验证故障机	5	5	5
		2. 确定故障原因	25	30	15
	三、故障处理	1. 部件维修	10	20	15
		2. 部件更换	25	10	10
	四、微机系统调试	1. 设置 BIOS	5	5	5
		2. 清除微机病毒	—	5	5
		3. 系统软件调试	5	5	5
	五、客户服务	1. 故障说明	5	5	5
		2. 技术咨询	5	5	5
	六、工作指导	1. 培训维修工	—	—	10
		2. 指导维修工工作	—	—	10
合计			100	100	100

附录 B

思考与习题参考答案

第 1 篇参考答案

第 1 章

问答题

拆装计算机的工具有哪些？

答：螺丝刀、尖嘴钳、镊子等。

第 2 章

操作题

（1）通过练习熟悉本章介绍的软件的安装过程。

答：略，详见教材。

（2）使用数据恢复工具 FinalData 对本机历史数据进行恢复。

答：略，详见教材。

第 2 篇参考答案

第 3 章

1．实践题

（1）到计算机市场上，了解不同型号的主板、CPU、内存、硬盘等设备的性能指标和优缺点。

参考建议：直接从计算机市场的不同商家处详细了解、比对。

打开一台多媒体计算机的机箱，完成以下操作：

1）指出各个部件的名称；

2）列出 CPU、内存、硬盘、显卡的接口特征和防接错结构特点；

3）指出主板芯片组、BIOS 芯片、CMOS 跳线的位置。

参考建议：直接在计算机组装与维护实训室打开机箱，在实训老师指导下认识各个部件及其防接错结构特点。

（2）到计算机市场或"太平洋电脑网"（http://www.pconline.com.cn）查询计算机配件的当前市场报价，列出一台 6000 元左右家用娱乐+游戏型的台式计算机、娱乐型笔记本电脑和纯粹办公型一体机的配置清单，并根据不同计算机品牌的配置清单进行比较，选择一种性价比较高的计算机配置方式。

参考建议：参考教材"3.1 台式计算机配置"、"3.3 笔记本电脑选购"和"3.5 一体机选购"。

2．选择题

（1）当前新式主板芯片组又称逻辑控制芯片组，通常为（B）。

A．南桥芯片，北桥芯片　　　　　　　B．南桥芯片

C．一级，二级　　　　　　　　　　　D．总线，时钟

（2）主板芯片组的主要生产厂家有（ABCD）。

A．Intel 公司　　　　　　　　　　　B．VIA 公司

C．SIS 公司　　　　　　　　　　　　D．ALi 公司

（3）主板的核心和灵魂是（C）。

A．CPU 插座　　　　　　　　　　　B．扩展槽

C．芯片组　　　　　　　　　　　　　D．BIOS 和 CMOS 芯片

（4）AGP 接口插槽可以插接下列哪种设备（C）。

A．声卡　　　　　　　　　　　　　　B．网卡

C．显卡　　　　　　　　　　　　　　D．硬盘

3．填空题

（1）笔记本电脑 DDR4 内存插槽有　260　个触点。

（2）目前，主板上的硬盘接口主要有　SATA　和　SAS　两种类型。

（3）BIOS 中保存着计算机最重要的　自检　、　自举　、　中断　和　管理　程序。

（4）UEFI 启动和 BIOS 启动模式本质区别是　无须 BIOS 烦琐的自检而直接引导操作系统。

（5）根据主板的结构，主板可分为 AT、Baby-AT、ATX、MicroATX 及 BTX 等结构。其中　ATX　主板是目前最常见的主板结构。

（6）SSD 固态硬盘分为　基于闪存的固态硬盘　和　基于 DRAM 的固态硬盘　。

（7）计算机摄像头镜头构造分为　1P、2P、1G1P、1G2P、2G2P、4G 等　。

4．判断题

（1）主板按结构可分为 ATX、BTX 和 AT 主板，目前主流的是 AT 主板。（×）

（2）BIOS 芯片是一块可读写的 RAM 芯片，关机后其中的信息也不会丢失。（×）

（3）本质上，UEFI 就是为了替代 BIOS 而生的。（√）

（4）主板性能的好坏直接影响整个系统的性能。（√）

（5）主板上的 CMOS 电池不能更换。（×）

5．问答题

（1）机箱面板跳线有哪些？有什么作用？

答：机箱面板跳线主要有电源开关、复位开关、电源指示灯、硬盘指示灯、蜂鸣器、前置 USB 等接口跳线，相应作用如下。

1）电源开关接口跳线：用于连接电源开关连接线。

2）复位开关接口跳线：用于热启动计算机。

3）电源指示灯接口跳线：用于连接显示电源是否开启的指示灯。

4）硬盘指示灯接口跳线：用于连接显示硬盘工作状态的指示灯。

5）蜂鸣器接口跳线：用于连接主机面板内侧上蜂鸣器，提示计算机是否正常运行。

6）前置 USB 接口跳线：用于连接主机面板上前置的 USB 接口进行端口扩展。

（2）如何选购主板、CPU、内存等设备？

答：选购主板时要注意以下几个方面：

1）用户可以从主板的外观上简单地判断该主板的质量。

2）主板的品牌也是选购主板的一个参考标准。

3）由于主板要和其他设备配合并运行操作系统及应用程序，所以主板的兼容性是非常重要的。

选购 CPU 时要注意以下几个方面：

1）首先要看它的主频，主频是反映 CPU 性能的指标之一。

2）其次要看缓存大小。

3）再次选择适合自己（包括需求、性价比等）的芯片。

4）最后选择大品牌的 CPU 厂商。

选购内存时要注意以下几个方面：

1）尽量选择 4GB 或更大容量的内存，如果条件允许，可以购买 2 个内存组成双通道，这将使计算机的性能得到提升。

2）尽量选择市场上主流的内存品牌：KingBox（黑金刚）、SAMSUNG（三星电子）、KingMax（胜创科技）、Kingston（金士顿）、GELL（金邦金条）、Hynix（现代）和海盗船 VS 等。金邦、海盗船 VS 系列内存都是提供终身包换服务的。

（3）计算机选购的基本原则是什么？

答：计算机选购的基本原则如下：

1）够用原则。

根据用户使用计算机的目的，选购能够满足需要的计算机即可。不要盲目追求配置高档、功能强大的计算机。

2）耐用原则。

用户在做购机需求分析的时候要具有一定的前瞻性，既要满足用户当前的基本需求，也要为需求的变化预留一定的空间。随着用户计算机水平的提高需要使用 Photoshop、3Dmax、AutoCAD 之类的软件，这时在低配置的计算机上进行升级肯定是不划算的。为此需要在选购计算机的时候选择那些配置较高、功能较强大的以备后用。这条原则对于学生来说尤其重要。

3）兼容性原则。

在配置计算机时，要从兼容性方面考虑。

（4）台式计算机与笔记本电脑内部结构有哪些不同？

答：笔记本电脑也是计算机，主要构成部件与台式计算机都是一样的，都是由主板、CPU、内存、显卡、硬盘、光驱等部件组成。但笔记本电脑因为体积的限制，内部结构与台式计算机差别较大。主要区别在于：

1）笔记本电脑的主板都是单独设计的基本不可共用（一款笔记本电脑的主板只能由相应的笔记本电脑使用），而台式计算机的主板，各种标准机箱可以通用。

2）笔记本电脑的散热系统与台式计算机不一样（也是不可更换），其余如内存硬盘则基本是通用的（但内存一般与台式计算机不能通用）。

3）从结构上看，笔记本电脑和台式计算机相比结构更紧凑、集成度更高、拆卸困难，而且清理灰尘的时候往往需要去专业维修店。

（5）笔记本电脑拆机时有哪些注意事项？

答：由于笔记本电脑集成度较高，所以在拆卸笔记本电脑时，应注意以下几点：

①切断电源；②释放剩余的电量；③防静电措施；④插拔插座用力要均匀；⑤合理运用工具；⑥合理安置拆卸部件；⑦明确拆卸顺序；⑧记录相关事宜等。

第 4 章

问答题

（1）什么是 BIOS？什么是 CMOS？

答：1）BIOS 是计算机的基本输入/输出系统（Basic Input-Output System），其内容集成在计算机主板上的一个 ROM 芯片上，主要保存着有关计算机系统最重要的基本输入/输出程序、系统信息设置、开机上电自检程序和系统启动自举程序等。

2）CMOS 本义上是指互补金属氧化物半导体存储器，是一种大规模应用于集成电路芯片制造的原料。在计算机领域，它是计算机主板上的一块可读写的 RAM 芯片，主要用来保存当前系统的硬件配置和操作人员对某些参数的设置。

（2）BIOS 和 UEFI 的区别是什么？

答：与传统 BIOS 相比，UEFI 最大的特点在于：

1）编码 99%都是由 C 语言完成的；

2）改变了中断、硬件端口操作的方法，采用了 Driver/Protocol 的新方式；

3）不支持 X86 实模式，直接采用 Flat Mode（也就是不能用 DOS 了，现在有些 EFI 或 UEFI 能用 DOS 是因为做了兼容设计，但实际上这部分不属于 UEFI 定义的范围了）；

4）输出也不再是单纯的二进制码，改为 Removable Binary Drivers；

5）操作系统启动不再调用 Int 19，而是直接利用 Protocol/Device Path；

6）对于第三方开发，传统 BIOS 基本上做不到，除非第三方参与 BIOS 的设计，但是还要受到 ROM 大小的限制，而 UEFI 就方便多了；

7）改善了 BIOS 对新硬件支持不足的问题。

第 5 章

问答题

（1）文件格式种类有哪些？它们各自的特点是什么？

答：常见的文件格式有：FAT（FAT16）、FAT32、NTFS、Ext2、Ext3 等。

1）FAT16。

FAT16 是 DOS 和最早期的 Windows 95 操作系统中最常见的磁盘分区格式。它采用 16bit 的文件分配表，能支持最大为 2GB 的分区，是目前应用最为广泛和获得操作系统支持最多的一种磁盘分区格式。几乎所有的操作系统都支持这一种格式，从 DOS、Windows 95、Windows 97 到 Windows 98、Windows NT、Windows 2000、Linux 都支持这种分区格式。但是 FAT16 分区格式有一个最大的缺点，即磁盘利用效率低。因为在 DOS 和 Windows 操作系统中，磁盘文件的分配是以簇为单位的，一个簇只分配给一个文件使用，无论这个文件占用整个簇容量的多少。这样，即使一个文件很小的话，它也要占用一个簇，剩余的空间便全部闲置了，造成了磁盘空间的浪费。由于分区表容量的限制，FAT16 支持的分区越大，磁盘上每个簇的容量也越大，造成的浪费也越大。所以为了解决这个问题，微软公司在 Windows 97 中推出了一种全新的磁盘分区格式 FAT32。

2）FAT32。

FAT32 采用 32bit 的文件分配表，使其对磁盘的管理能力大大提高，突破了 FAT16 每一个分区的容量只有 2GB 的限制。FAT32 最大的优点是：在一个不超过 8GB 的分区中，FAT32 分区格式的每个簇容量都固定为 4KB，与 FAT16 相比，可以大大地减少对磁盘空间的浪费，提高磁盘利用率。支持这一磁盘分区格式的操作系统有 Windows 97、Windows 98 和 Windows 2000。但是，这种分区格式也有它的缺点：采用 FAT32 格式分区的磁盘，由于文件分配表的扩大，运行速度比采用 FAT16 格式分区的磁盘要慢。同时由于 DOS 不支持这种分区格式，所以采用这种分区格式后，就无法再使用 DOS 系统了。此外，FAT16 及 FAT32 格式分区不支持 4GB 及以上文件。

3）NTFS。

NTFS 的优点是安全性和稳定性极其出色，在使用中不易产生文件碎片。它能对用户的操作进行记录，通过对用户权限进行非常严格的限制，使每个用户只能按照系统赋予的权限进行操作，充分保护了系统与数据的安全。这种格式只有采用 NT 核心的纯 32bit Windows 操作系统才能识别，如 Windows NT、Windows 2000、Windows XP、Windows Vista、Windows 7/8/10 等。但是 DOS 及 16bit、32bit 混编的 Windows 95 和 Windows 98 操作系统是不能识别的。

4）Ext2、Ext3。

Ext2、Ext3 是 Linux 操作系统适用的磁盘格式。在 Ext2 文件系统中，文件由 Inode（包含文件的所有信息）进行唯一标识。一个文件可能对应多个文件名，只有在所有文件名都被删除后，该文件才会被删除。此外，同一文件在磁盘中存放和被打开时所对应的 Inode 是不同的，并且由内核负责同步。Ext3 文件系统是直接从 Ext2 文件系统发展而来的，目前 Ext3 文件系统已经非常稳定可靠，完全兼容 Ext2 文件系统，且其具有可用性高、数据完整性高、文件系统读写速度提升、多种日志模式等特点。

（2）硬盘只有一个分区，如何将其平均分为三个分区而原有的系统和数据不被破坏？

答：在保证有足够剩余空间的前提下，可以使用第三方磁盘分区管理工具将分区大小调整到磁盘空间大小的 1/3，再在调整出来的未分配区域上建立两个分区，最后执行更改。这样就既能保证调整分区，又不破坏原有系统和数据。

第 6 章

1．问答题

（1）显示器是否需要安装驱动程序？为什么？

答：显示器基本上是不需要安装驱动程序的，除非是 3D 显示器。其实每个显示器都随机附带一张光盘，但对大部分人来说都没有用处，上面的驱动程序主要针对某些专业类的显卡及显示器的特殊功能。实际上，显示器驱动程序主要是用来识别显示器的刷新率、场频等基本参数信息的，以保证显卡正确识别并进行配置。但由于现在的显示器 IC 芯片和显卡自身兼容性都比较高的缘故，显示器驱动程序就不再那么重要了，不进行安装也能够显示出较好的效果。

（2）一台计算机的显卡驱动程序未安装，但随机附带的驱动程序安装光盘已经丢失，用什么方法可以将显卡驱动程序安装好？

答：驱动程序一般可通过几种方式得到，一是购买的硬件附带有驱动程序（光盘）；二是 Windows 操作系统自带的驱动程序；三是从 Internet 下载驱动程序；四是使用"驱动精灵""驱动人生"等第三方驱动程序管理软件，检测系统中安装失败或未安装驱动的设备，通过联网下载与设备相匹配的驱动程序。最后一种方式往往能够得到最新的驱动程序。

（3）列举日常生活、工作和学习中常用的应用软件。

答：邮件收发软件，如 Outlook Express、Foxmail；网上聊天软件，如 QQ、MSN Messager；办公自动化软件，如 Microsoft Office、WPS；病毒查杀软件，如瑞星、金山、360。

（4）应用软件可以通过直接删除文件目录的方式删除吗？为什么？

答：除"绿色软件"外，直接删除只是把此软件的安装目录删除了，而它的应用程序并没有被删除。在系统注册表中还有这个软件的注册信息，只有把这些信息全部删除后，才算是卸载了这个软件。直接删除并没有卸载，可能会在开机时弹出"加载程序时找不到模块"的警报提示。最好不要直接删除文件夹，这样做的后果就是软件写入注册表的信息没有清除，注册表中会留下很多垃圾，影响系统性能。

（5）Windows 操作系统升级安装与全新安装有何区别？

答：对 Windows 操作系统而言，升级安装是在低级版本的基础之上，对其进行升级安装，升级后的操作系统保留原操作系统的部分信息；而全新安装则是将系统盘重新格式化之后进行的安装，清除了上一个操作系统的所有信息。

（6）没有分区的硬盘可以安装 Windows 10 吗？为什么？

答：可以安装。选择"全新安装"可通过安装程序自带的分区工具，建立分区并格式化，然后选择安装系统的分区。

2．操作题

（1）通过第三方软件安装一个打印机驱动程序，实现正常打印。

1）用百度搜索"驱动人生"软件如图 B-1 所示，下载并安装。

图 B-1　搜索"驱动人生"软件

2）运行安装好的软件，自动搜索计算机所缺的驱动程序，找到需要安装的打印机驱动程序并安装；或"一键安装"，计算机将自动安装所有驱动程序。

3）安装完成后重启计算机。

（2）通过打印机的官方网站下载获取打印机驱动程序，实现正常打印。

1）打开浏览器输入"http://www.hp.com"，打开官方网站，选择打印机如图 B-2 所示。

图 B-2 选择打印机

2）输入产品名称，即可查找到所需要的驱动程序（见图 B-3）。

图 B-3 查找驱动程序

3）下载并安装。

4）重启计算机。

（3）如何安装扫描仪驱动程序？

1）打开计算机，单击计算机左下方的"开始"图标，在"开始"菜单中找到"控制面板"选项并单击该选项（见图 B-4）。

图 B-4　打开控制面板

2）在"控制面板"界面中找到并单击"设备和打印机"链接（见图 B-5）。

图 B-5　单击"设备和打印机"链接

3）在"设备和打印机"界面中单击工具栏中的"添加设备"按钮（见图 B-6）。

图 B-6　添加设备

4）选择需要的扫描仪驱动程序并单击"下一步"按钮进行安装（见图 B-7）。

图 B-7　安装扫描仪驱动程序

第3篇参考答案

第 8 章

简答题

（1）一键备份 C 盘的镜像文件保存在什么位置？有何优点？怎么打开？怎么删除？

答：一键备份 C 盘的镜像文件保存在第一硬盘最后一个分区：\~1\c_pan.gho。

优点：此文件夹在资源管理器中完全隐藏，从而保证镜像文件不会轻易被删除。

打开方式：开始→一键 Ghost→文件→打开。

删除方法：卸载一键 Ghost→出现"请选择"对话框进行选择。

（2）如何使用 Ghost 备份分区？

答：略，详见教材。

（3）列举可能引起软件故障的原因（至少 3 个）。

答：软件不兼容、非法操作、误操作、病毒的破坏。

（4）计算机软件故障处理要遵循哪些原则？

答：注意提示信息、重新安装应用程序、利用杀毒软件、寻找丢失的文件等。

第 9 章

1．简答题

计算机硬件系统故障有哪些？

答：计算机硬件系统常见故障有：电路故障或元器件故障、机械故障、连线与插件接触不良、人为操作失误、电源工作不良、跳线设置错误、硬件不兼容等。

2．综合分析题

结合案例，分组模拟不同故障，分析故障，解决故障。

（1）简述引起计算机故障的常见原因。

答：1）软件故障；2）硬件故障。

（2）简述计算机硬件故障处理的原则。

答：1）先外部设备后主机原则；2）先电源后部件原则；3）先简单后复杂原则。

（3）简述如何利用加电自检诊断计算机故障。

答：加电自检时，若检测出故障，系统通常会用不同的声音和屏幕信息提示故障存在和故障类型。自检时发现故障一般以初始化显示器为界限。出现严重故障时系统不能继续启动，计算机通过扬声器发出的报警声来通知用户，用户可以通过这种长短各异的、有规则的声音来判断故障位置及类型，以便及时排故障。

第 10 章

简答题

（1）网络故障按性质可分为哪两类？

答：网络故障按性质可分为物理故障和逻辑故障两类。

（2）常用的网络命令有哪些？

答：常用的网络命令有：Ping 命令、Tracert 命令、Netstat 命令和 Winipcfg 命令等。

第 11 章

（1）计算机软件系统故障有哪些？

答：软件系统故障通常是指由于计算机系统配置不当、计算机感染病毒或操作人员对软件使用不当等因素引起的计算机不能正常工作的故障。计算机软件系统故障大致分为：软件兼容故障、系统配置故障、病毒故障、操作系统故障等。

（2）什么是局域网？

答：局域网简称 LAN，是指在某一区域内由多台计算机互联而成的计算机组。

（3）网络传输介质有哪些？

答：网络传输介质分为有线传输介质和无线传输介质两大类。有线传输介质主要有双绞线、同轴电缆和光纤，无线传输介质主要有无线电波、微波、红外线、激光等。

（4）常见的通信设备有哪些？分别说明其功能。

答：常见的通信设备有调制解调器、网卡、集线器、交换机、路由器等。

1）调制解调器的作用是在发送端通过调制将数字信号转换为模拟信号，而在接收端通过解调再将模拟信号转换为数字信号。

2）网卡是局域网中连接计算机和传输介质的接口，不仅能实现与局域网传输介质之间的物理连接和电信号匹配，还涉及帧的发送与接收、帧的封装与拆封、介质访问控制、数据的编码与解码及数据缓存等功能。

3）集线器主要作用是对接收到的信号进行再生整形放大，以扩大网络的传输距离，同时把所有节点集中在以它为中心的节点上。

4）交换机可以为接入交换机的任意两个网络节点提供独享的电信号通路。

5）路由器是连接因特网中各局域网、广域网的设备，它会根据信道的情况自动选择和设置路由，以最佳路径，按前后顺序发送信号。

（5）网络拓扑结构有哪几种？

答：网络拓扑结构有星形、树形、总线和环形拓扑结构。

（6）Internet 接入通常应考虑的因素有哪些？

答：Internet 接入通常应考虑的因素有连接方式及选择服务提供商。

（7）局域网接入 Internet 的方式有哪些？

答：局域网接入 Internet 的方式有：①局域网拨号入网；②ADSL 宽带入网；③专线入网；④使用 Internet 连接共享（ICS）；⑤网络地址转换。

（8）常见的导致计算机故障产生的外部因素有哪些？

答：硬件驱动程序没有装好；硬件安装不当；电源工作不良；硬件连线或接插线接触不良；硬件不兼容，硬件不兼容是指计算机中两个以上部件之间不能配合工作；硬件过热问题；发生冲击或有外力作用的情况；环境过于潮湿；灰尘太多会使散热效果下降，导致硬件过热而工作不良；部件、元器件质量问题；电磁波干扰。

（9）计算机系统故障排除时应遵循什么原则？

答：先假后真、先想后做、先软后硬、先外后内、先简单后复杂、先一般后特殊、主次分明。

（10）按照先简单后复杂原则判断故障时一般要先观察哪些内容？

答：遇到故障时，应先从最简单的方面开始检查，先查看主机外部的环境如各种电缆线、数据线是否连接或松动，排除连接线损坏、温度过高等较易观察的故障；再观察计算机所表现的现象、显示的内容，以及它们与正常情况下的异同；然后测试在最小系统下计算机是否正常；再了解计算机的软硬件配置，包括安装了什么硬件、资源的使用情况、操作系统的版本、已安装的应用软件及硬件的驱动程序版本等；最后再检查主机内部的环境（如灰尘是否过多，部件指示灯是否正常，连接是否正常，器件颜色、形状、指示灯是否正常等）。

（11）常用的故障判断方法有哪些？

答：清洁硬件法、观察法、替换法、拔插法、最小系统法等。

（12）拆装过程中的操作规范有哪些？

答：正确使用工具规范、部件摆放规范、动作标准规范等。

参 考 文 献

[1] 田勇. 玩转装机与维修 从学徒到高手[M]. 北京：清华大学出版社，2014.

[2] 熊巧玲. 电脑软硬件维修从入门到精通[M]. 第 4 版. 北京：科学出版社，2017.

[3] 陈志民. 电脑故障排除完美互动手册[M]. 北京：清华大学出版社，2014.

[4] 费一峰，吴琪菊. 打印机、复印机、投影仪、扫描仪和传真机维修完全手册[M]. 北京：机械工业出版社，2010.